KB160572

낮과 밤, 하늘의 신비를 찾아서

DAG EN NACHT

by Helga van Leur & Govert Schilling

Copyright © 2020 by Fontaine Uitgevers-The Netherlands
All rights reserved.

No part of this book may be used or reproduced in any manner whatever without written permission
except in the case of brief quotations embodied in critical articles or reviews.

Korean translation copyright © 2022 by Yeamoon Archive Co., Ltd., Seoul.
Korean edition is published by arrangement with Fontaine Uitgevers-The Netherlands
through BC Agency, Seoul.

DAY & NIGHT

헬가 판 루어 · 호버트 실링

이성한 옮김

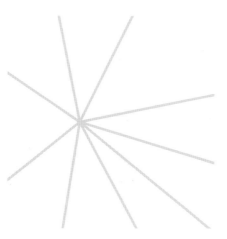

낮과 밤, 하늘의 신비를 찾아서

예달아카이브

차례

나에게 매시간 빛과 어둠은 기적이다.

_월트 휘트먼

별을 바라보는 것은 언제나 나를 꿈꾸게 한다.

_빈센트 반 고흐

들어가며

누구나 가끔은 하늘을 쳐다본다. 신기한 형태의 구름, 아름다운 무지개, 보름달과 인상적인 천체···. 그러나 하늘에 대해 정확히 아는 사람은 거의 없다. 어떻게 그런 모양의 구름이 만들어지고, 그것으로 날씨를 예측할 수 있을까? 지는 해가 붉게 보이는 이유는 무엇일까? 그리고 도대체 하늘은 왜 파란색일까? '무리해(parhelia)'는 무엇이며, 어떻게 낮에 하늘에서 달이 보일까? 북극성은 어디에서 찾을 수 있고, 별과 행성은 어떻게 구별할까? 떠오르는 보름달은 왜 그렇게 크며, 유성은 도대체 무엇일까?

아마도 우리는 여러분보다 좀 더 자주 하늘을 쳐다볼 것이다. 헬가는 구름광이자 기상학자다. 호버트는 아마추어 천문학자이자 과학 저널리스트다. 여러분은 하늘이 몇 가지 비밀을 감추고 있다고 생각할지 모른다. 우리 또한 장엄한 두루마리구름(층적운), 야광운, 눈부신 불덩이, 마법의 오로라와 같은 특별하고 희귀한 현상에 자주 놀란다. 하늘에 대해 꽤 많이 알고 있어도 질리지 않는다.

우리는 이 책에서 여러분을 고요한 새벽의 여명에서부터 태양광선과 뇌우가 치는 하늘을 거쳐 별과 행성 그리고 지나가는 인공위성이 보이는 깊은 밤에 이르기까지, 하늘을 따라가는 여행으로 안내할 것이다. 단순히 보고 설명하는 데만 그치지 않는다. 다양한 구름이 어떻게 만들어지는지, 달의 위상이 왜 바뀌는지, 낮과 밤 동안 하늘에 보이는 모든 것을 보여줄 것이다.

때때로 여러분은 지식이 경이로움을 떨어뜨린다는 말을 들을 것이다. 자연 현상은 설명할 수 있을 때 덜 인상적이란다. 하지만 우리는 그 말에 단호히 반대한다. 작곡가나 화가의 삶과 성격에 대해 더 많이 알게 될 때 그 음악과 그림이 더 큰 호소력을 얻듯이, 무지개나 월식도 마찬가지로 그것들의 생성 원인에 대해 더 많은 식견을 가질 때 더 특별해진다.

이 책에 대한 아이디어는 이미 몇 년 전에 나왔지만, 2019년에 이르러서야 모든 퍼즐 조각이 제자리를 찾았다. 하늘에서 볼 수 있는 것들에 대한 우리의 열정은 그 아이디어를 실현하는 데 많은 에너지와 영감을 주었다. 필요한 이미지를 기꺼이 지원해준 구름과 별 사진작가들께 깊이 감사드린다. 멋진 사진 덕분에 너무나도 아름다운 책이 될 수 있었다. 책 뒷부분의 사진 촬영 요령은 희귀한 천체 현상을 직접 포착하는 데 도움이 될 것이다.

이제 구름 낀 장엄한 하늘과 밝은 별들이 빛나는 밤하늘 그리고 희귀한 천체 현상이 펼쳐진다. 읽고 보는 즐거움을 만끽하기를 기원한다.

11

떠오르는 새벽

지구에 만약 대기가 없다면, 여러분은 해가 떠오르는 순간까지 칠흑같이 어두운 밤하늘에서 빛나는 별들을 볼 수 있다. 그렇지만 지구의 대기 덕분에 매일 새로운 하루가 '박명(薄明, twilight)'의 형태로 밝아온다. 별들은 해가 뜨기 훨씬 전부터 서서히 빛을 잃기 시작한다.

박명 효과는 태양이 지평선에서 약 18도 아래에 있을 때부터 나타난다. 해 뜨기 1~2시간 전 '천문박명'이 시작된다. 대기가 희미하게 들뜬 상태가 되고 별빛이 사라져 보이지 않는다. 태양이 지평선에서 12도 아래에 있으면, 어두컴컴하지만 선박들이 항해할 수 있을 정도의 '항해박명'이 나타난다. 태양이 지평선 아래 6도 정도로 떠오르면 어느 정도 일상생활이 가능한 '시민박명'이 시작된다. 태양이 훨씬 더 가파르게 뜨고 열대 지역에서 박명은 네덜란드보다 최대 30분이나 더 짧다. 스칸디나비아에서는 박명이 상당히 오래 지속한다.

박명은 태양빛이 공기 입자(분자)에 의해 산란하기 때문에 생기는 현상이다. 그 영향은 파장이 짧은 빛에서 가장 강한데, 즉 청색광에서 가장 활발하다. 광선이 대기를 통과하는 경로가 길수록 더 많은 빛이 산란한다. 그래서 박명이 일어나는 동안 하늘 높은 곳은 매우 짙은 푸른색을 띠고 지평선은 밝은 푸른색으로 보인다.

그런데 예쁜 주황색, 분홍색, 붉은색의 박명 색깔은 어떻게 된 것일까? 더 긴 파장을 가진 태양빛도 산란하기에 그렇다. 이때는 공기 분자보다는 대기의 더 큰 입자가 작용한다. 물방울일 수도 있고, 멀리 떨어진 곳에서 화산 폭발로 분출한 화산재 입자일 수도 있으며, 그냥 먼지일 수도 있다. 그리고 마찬가지로 대기를 통과해 먼 거리를 이동하는 빛이 더욱 확실한 박명 색깔을 띠게 된다.

"아침노을이 붉으면 도랑에 물이 찬다"는 네덜란드 속담은 진실을 담고 있다. 일반적으로 아침 대기에는 먼지 입자가 거의 없다. 그런데도 박명 색이 붉다는 것은 대기에 수분이 많아 강수 가능성이 크다는 것을 나타낸다.

박명의 비명

노르웨이 화가 에드바르트 뭉크는 1883년 여름 그 유명한 〈절규〉의 첫 번째 스케치를 그렸다. 비명을 지르는 얼굴 뒤에 섬뜩한 붉은 하늘이 보인다. 아마도 뭉크는 그해 유럽에서 볼 수 있었던 새빨간 박명 색깔에서 영감을 얻었을 것이다. 엄청난 양의 화산재를 대기 중으로 내뿜었던 인도네시아 크라카타우 화산 폭발의 결과였다.

▶ 일출 직전 볼 수 있는 예쁜 박명 색깔은 공기 분자, 작은 물방울, 먼지 입자에 의한 태양빛의 산란에서 나온다.

조금씩 다르게 뜨는 태양

태양은 아침에 동쪽에서 뜨고, 낮에는 남쪽 하늘 가장 높은 고도에 이르렀다가, 저녁에 서쪽으로 진다. 우리는 모두 그것에 익숙해져 있다. 태양이 낮과 밤 우리의 생활 리듬을 결정한다. 그리고 우리는 태양이 실제로는 지구 주위를 돌지 않는다는 사실도 알고 있다. 태양의 일주운동은 지구가 자체 축을 중심으로 돌고 있기에 일어나는 효과(영향)다.

만약 지구가 정확히 '똑바로' 있다면 매일 '똑같은' 방식으로 진행될 것이다. 그러면 태양은 늘 적도 바로 위에 위치하고, 정확히 동쪽에서 떠올라 12시간 동안 하늘에 머물다가 지평선 아래 서쪽으로 사라질 것이다. 하지만 지구의 축이 약간 비스듬하기에 우리는 태양이 매일 조금씩 다르게 움직이는 것을 볼 수 있다.

한 해 동안 태양이 어디에서 떠 어디로 지는지 그 위치를 주의 깊게 살펴보면, 일출과 일몰 지점이 느리지만 확실히 이동하고 있다는 사실을 알 수 있다. 6월에 태양은 북동쪽에서 (매우 일찍) 뜨고, 하늘에 거대한 호를 그리다가 밤늦게 북서쪽으로 진다. 낮이 밤보다 훨씬 더 오래가며, 한낮에는 태양이 남쪽 가장 높은 고도에 떠 있다.

그런데 12월의 낮은 완전히 다르다. 태양은 남동쪽에서 늦게 떠 하늘에 작고 편평한 호를 그리다가 늦은 오후 남서쪽으로 진다. 낮은 짧으며, 태양이 지평선 위로 높게 떠오르지 않아 한낮의 그림자는 훨씬 길다.

봄과 가을이 공식적으로 시작될 무렵인 3월 20일과 9월

23일경에만 태양이 정확히 동쪽에서 뜨고 정확히 서쪽으로 진다. 이때는 지구의 어느 곳이든 낮과 밤의 길이가 거의 같다.

스톤헨지

인간은 이미 수천 년 전에 연중 태양이 뜨고 지는 지점이 변한다는 사실을 알았다. 태양의 이 같은 위치 이동을 일종의 달력으로 사용할 수 있다고 여겼다. 잉글랜드 남부 지역의 스톤헨지가 선사 시대 그런 생각을 적용한 건축물이다.

▲ 잉글랜드 남부에 있는 스톤헨지는 달력 역할을 했다. 큰 돌 사이에 나 있는 관측 구멍(틈)은 태양 극단(동지와 하지)의 일출과 일몰 지점을 표시한다.

등장부터 심상치 않은 별

태양은 매일 다른 시각에 뜬다. 네덜란드 중부에서는 6월 20일경 여름에 가장 이른 시각인 오전 5시 19분에 뜨고, 12월 30일경 겨울에 가장 늦은 시각인 오전 8시 48분에 뜬다. 지역마다 일출 시각에는 몇 분 정도 차이가 있다. 전세계 모든 지역의 연중 일별 일출 및 일몰 시각을 정확하게 알려주는 앱도 있다.

하지만 실제로 우리가 이해하는 일출 순간이란 무엇일까? 공식적으로 말하자면 태양의 윗부분이 해수면에서 관찰자의 수학적 지평선에 닿는 순간을 지칭한다. 해수면은 마치 거울처럼 매끄러운 수평선이므로 주변에 건물이나 비탈진 언덕 또는 다른 특징적인 풍경이 없다. '해수면에서'라는 단서가 더해진 것이 중요하다. 왜냐하면 언덕 위나 배의 돛대 위에 있는 사람이 좀 더 일찍 태양이 나타나는 것을 보기 때문이다.

신기하게도 태양은 사실 여러분이 예상하는 시간보다 몇 분 더 일찍 떠오른다. 지구 대기에 의한 빛의 굴절 때문이다. 대기는 렌즈와 같은 역할을 하는데, 태양빛을 아주 약간 휘게 만들어 지평선 아래에서 나오는 광선을 먼저 우리 눈에 닿게 한다.

이 '대기굴절'로 인해 우리는 태양이 약간 더 높이 하늘에 떠 있는 것처럼 보게 된다. 당연하게도 이는 일출과 일몰 시각에 영향을 미친다. 앱에서 알려주는 시각은 이 사실을 이미 고려한 결과다.

대기굴절은 매우 편평하게 대기를 통과하는 광선에서 가장 강하게 나타나며, 고도가 매우 낮은 곳에 있는 사물에서 그 정도가 가장 심하다. 다른 말로 표현하면 태양의 아랫부분이 태양의 윗부분보다 약간 더 위로 올라가 있는 것처럼 보인다. 이 때문에 떠오르는 태양이 약간 편평해 보이는 것이다. 지는 태양과 보름달도 마찬가지다.

어쨌든 편평한 태양은 아름다운 타원형이 아니다. 대기굴절 현상 때문에 태양이 완전하고 일정한 모양이 아니라 이상하게 왜곡된 모습으로 보이는 것이다.

춘분

천문학적으로 봄의 시작인 네덜란드 기준 매년 3월 20일은 낮과 밤의 길이가 같아진다. 바로 '춘분(春分, vernal equinox)'이다. 그러나 엄밀히 따지면 대기굴절로 인해 태양은 실제보다 조금 일찍 뜨고(오전 6시 43분경) 조금 늦게 진다(오후 6시 52분경). 따라서 3월 20일 낮의 길이는 정확히 12시간이 아닌 12시간 9분이다. 천문학적 가을의 시작인 9월 22일, 즉 '추분(秋分, autumnal equinox)'에도 마찬가지다.

▶ 떠오르는 태양이 대기굴절 때문에 매우 편평하게 보인다. 태양의 아랫부분이 윗부분보다 더 편평하다.

낮에 뜬 달은 무엇

어린이들도 태양은 낮에 빛나고 달은 밤에 빛난다는 사실을 알고 있다. 그런데 늘 그렇진 않다. 물론 태양은 낮에만 볼 수 있다. 낮과 밤의 교대는 태양이 아침에 뜨고 저녁에 지기 때문에 일어난다. 그러나 매일 밤 달을 오랫동안 볼 수 있는 것은 아니다. 더욱이 놀라운 사실은 종종 낮에도 하늘에 달이 떠 있는 모습을 볼 수 있다는 것이다. 터무니없는 이야기가 아니다. 달은 지구 주위를 돈다. 그리고 대략 한 달에 한 번 정도는 하늘에서 태양의 맞은편에 위치한다. 그때가 보름달일 때다. 보름달은 밤새 볼 수 있다. 보름달은 일몰 무렵 저녁에 떠서 다음 날 아침 해가 뜰 때 진다.

하지만 달은 보름달이 되기 1주일 전 상현달일 때에도 일몰 무렵부터 남쪽 하늘에 높이 떠 있다. 일몰 몇 시간 전에 남동쪽 어딘가에서 달을 볼 수도 있다는 의미다. 하현달일 때에는 정반대다. 이때 달은 자정 무렵에 뜨지만, 남서쪽에서는 아침이 밝을 때까지 계속 관찰할 수 있다(달의 위상에 관한 자세한 내용은 147쪽을 참조할 것).

보름달 전후 며칠 동안 달은 태양빛을 절반 이상은 받게 된다. 이런 '볼록한 달'을 낮에 자주 볼 수 있다. 보름달이 되기 며칠 전, 오후가 끝날 때쯤 남동쪽 하늘에 뜬 이미 차오른 볼록한 달을 볼 수 있으며, 보름달이 되고 며칠이 지난 뒤 이른 아침 남서쪽 하늘에 뜬 줄어든 볼록한 달을 볼 수 있다.

연중 평균 달은 태양과 같은 시간의 절반만큼 낮 하늘에 떠 있다. 태양빛을 받지 못하는 신월(삭) 동안 달은 보이지 않으며, 이후 태양 빛을 좀 더 많이 받는 낮 동안에도 눈에 덜 띈다. 그렇지만 여러분이 주의를 기울이면 이때에도 낮에 달을 볼 수 있다.

태양과 달 말고도 가끔 낮에 볼 수 있는 천체가 있다. 다름 아닌 '금성'이다. 금성이 태양에서 아주 멀리 떨어져 있을 때, 그리고 여러분이 어디를 바라봐야 하는지 정확히 알고 있을 때, 약간의 운이 따른다면 낮의 푸른 하늘에서 밝은 점으로 빛나는 금성을 구분할 수 있다.

> **달빛은 태양빛**
>
> 달은 태양빛을 반사한다. 그래서 달빛은 반사된 태양빛이다. 보름달 전후로 카메라를 장시간 노출해 야간 풍경을 찍으면 잘 알 수 있다. 밤에 찍힌 사진 속 달 색깔이 낮에 찍힌 사진 속 색깔과 정확히 똑같아 보일 것이다.

◀ 상현달과 보름달 사이 1주일 동안 오후에 이미 하늘 높이 떠 있는 달을 볼 수 있다.

변화무쌍한 구름

구름은 모양과 크기에 따라 종류가 다양하다. 계절마다 다르고, 심지어 낮 동안에도 특징이 바뀐다.

구름이 만들어지는 원인에는 크게 두 가지가 있다. 첫 번째는 공기를 상승시키는 '지표면의 가열'이다. 공기가 높이 올라가면 갈수록 기온은 더욱 차가워진다. 기온이 낮아짐에 따라 공기방울 속 눈에 보이지 않는 수증기가 응결해 구름이 만들어진다. 대개 이 구름은 수직으로 올라가면서 '수직발달운'을 형성한다.

만약 대기 하층이 계속 데워지면 구름은 점점 더 높이 성장할 수 있는데, 이때 구름은 수직으로 발달하게 된다. 여러분은 이 '대류성' 구름을 특히 태양빛이 강한 여름철에 볼 수 있다. 보통 강수 확률을 높여 소나기를 뿌리지만 지속시간은 대체로 짧다. 그렇더라도 이 단기성 소나기가 폭우가 될 수 있다.

구름이 만들어지는 두 번째 원인은 '공기덩어리(기단)의 충돌'이다. 주로 겨울철에 일어난다. 이때의 구름은 층 구조를 갖게 되며 대기 중 다양한 고도에서 나타난다. 때로는 바람이 더욱 세게 부는 상층 대기층에서 발생한다. 그런 다음 중간층에서 나타났다가 결국 하층 대기층으로까지 확산한다. 공기덩어리가 충돌할 때 구름층이 생기기도 한다. 이 구름은 서로 다른 공기덩어리로 전선을 형성한다. 몇 시간 동안 엄청난 비를 뿌리기도 해서 우량계를 꽉 채운다. 어떤 때는 측정할 수 없을 정도의 이슬비를 동반하기도 하는데, 얕봤다가는 옷이 다 젖을 것이다.

구름이 미치는 영향은 구름의 두께와 고도에 달려 있다. 기상학자들은 세 가지 층으로 구분한다. 대기 상층에 있는 구름은 두께가 엷으며 얼음 알갱이로 이뤄져 있다. 이 때문에 윤곽이 모호하다. 이 상층운에서도 비가 내릴 수 있지만, 대개는 땅에 닿기도 전에 증발한다. 그리고 특히 이 상층운에서 여러 아름다운 광학 현상을 볼 수 있다.

대기 중층에 있는 구름은 지표면에 더 많은 영향을 미친다. 이 구름은 충분히 두꺼워지면 비가 된다. 중층운은 추운 겨울에는 얼음 알갱이 또는 과냉각된(이슬점 이하지만 얼지는 않은) 물방울로 이뤄져 있다. 여름에는 물방울을 품고 있다. 여름의 중층운은 얼음 알갱이의 겨울 구름보다 가장자리가 더 선명하다.

대기 하층의 구름은 태양빛을 가려 회색 음영을 많이 띠고 있다. 하층운은 종종 너무 낮게 떠 있어서 말 그대로 눈앞에 손이 보이지 않을 정도일 때도 있는데, 이것이 바로 '안개'다.

▶ 헬가가 토네이도를 관찰하며 땅에 떨어진 우박을 촬영하고 있을 때, 저 멀리 물러나는 소나기 뇌우 아래로 쏟아지는 빗줄기와 무지개가 보인다.

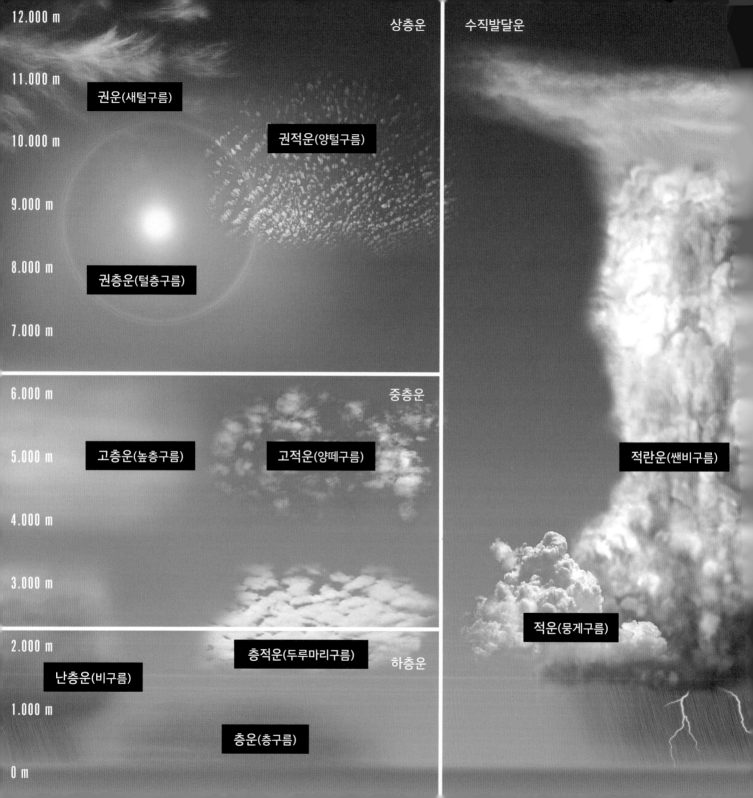

4개의 구름 가족

구름마다 여러 이름으로 부르기도 한다. 구름의 이름은 떠 있는 고도, 모양, 윤곽, 수직으로 발달하는 정도에 따라 결정된다. 나라마다 달리 부르지만 국제적으로는 라틴어에서 유래한 이름을 사용한다. 여러분은 구름의 라틴어 이름을 보면 무슨 뜻인지 알 수 없을지 모르지만, 그래도 타당한 원칙과 이유를 근거로 붙인 명칭이다. 국제 표준은 있지만 각 언어권마다 다르므로 그것에 맞게 부르면 된다.

'일반형' 구름은 4개의 구름 가족으로 나뉜다. 그리고 그 안에서 몇 가지로 또 나뉜다. 모두 10가지다. 대기권에서 어떤 위치를 차지하고 있는지에 따라서 4개 구름 가족 중 하나가 된다. 우선 '상층운', '중층운', '하층운' 가족이 있으며, 이를 아우르는 '수직발달운' 가족이 있다. 구름은 이렇게 4개 가족으로 분류하고, 각각의 가족을 구성하는 개별 구름마다 또 이름이 있다.

- 상층운: 권운(Cirrus), 권적운(Cirrocumulus), 권층운(Cirrostratus)
- 중층운: 고적운(Altocumulus), 고층운(Altostratus)
- 하층운: 층운(Atratus), 층적운(Atratocumulus), 난층운(Aimbostratus)

- 수직발달운: 적운(Aumulus), 적란운(Aumulonimbus)

모든 구름은 이 10가지 일반형 이름 중 하나를 갖고 있다. 그런데 각각의 구름에 더 많은 특징이 나타나 이름이 추가된다. 이와 같은 이른바 '특수형' 구름은 발달 단계와 연결되는데, 일테면 유아기에서 청소년기를 거쳐 성인으로 성장한다고 말할 수 있다. 보통은 모양으로 드러난 특징을 이름으로 삼지만, 생성 원인을 반영하기도 한다. 예를 들어 '화재적운(火災積雲, Pyrocumulus)'은 산불 등에 의해 발생한 적운이다.

공식적인 라틴어 명칭 외에 우리가 흔히 부르는 구름 이름도 있다. 모양에 비춰 정한 이름이라 더 쉽고 정감 간다. 뭉게구름(적운), 봉우리적운(콜리플라워구름), 모루구름(적란운 윗부분에 나타나는 모루 모양 구름), UFO구름(렌즈구름), 해파리구름(처진 권적운), 양떼구름(고적운) 등 무척 많다. 라틴어 구름 이름에 관한 설명은 176쪽에서 찾을 수 있다.

◀ 4개 구름 가족을 이루는 10가지 구름.

구름 가족 ① 상층운

거의 모든 구름은 지표면에서 8~15km 사이 고도까지 뻗어 있는 대기의 하층인 '대류권'에서 발생한다. 맨 꼭대기가 정확히 어디에 있는지는 우리가 서 있는 지상의 위치와 날씨에 따라 다르다. 대류권 위에서 성층권이 시작되는데, 이곳에서 공기층의 속성이 변한다. 여기서부터는 구름이 더는 형성될 수 없기에 대류권과 성층권 사이 경계면이 구름에는 가상의 덮개다.

네덜란드의 경우 대류권 최상층부에 있는 구름은 보통 고도 6km(겨울)에서 12km(여름) 사이에 있다. 따뜻한 열대에서는 이 층에 있는 구름이 최대 고도 18km에까지 이를 수 있다. 더 추운 극지방의 경우 고도 약 8km에서도 생긴다. 찬 공기층이 따뜻한 공기층보다 더 조밀하기 때문이다. 따라서 찬 공기가 있는 공기 덮개는 따뜻한 공기가 있는 덮개보다 덜 두껍고 높이가 낮다. 그로 인해 극지방의 구름은 열대 지방에 있는 구름보다 높이가 낮다. 그리고 여름보다는 겨울에 구름의 높이가 덜 높다.

대류권 꼭대기의 기온은 얼음처럼 차갑다. 얼음 결정은 얇은 조각구름으로 보일 수 있고, 태양은 그곳에서 여전히 자주 빛난다. 이 고도에는 3가지 유형의 구름이 있다. 새의 깃털이나 줄무늬처럼 생긴 구름은 '권운'이다. 이 고도에서는 바람 세기가 구름이 바람에 심하게 날리는지, 알아볼 수 있는 윤곽을 유지하고 있는지를 결정한다. 이 구름을 '털구름' 또는 '새털구름'이라고 부르기도 한다.

만약 권운이 하얀 양털 모양 윤곽을 더 많이 취하고 있으면 '권적운(양털구름)'이다. 아직 두꺼운 양털처럼 보일 필요는 없다. 햇빛이 여전히 이 구름을 쉽게 통과하고 그 사이에 약간 푸른색이 자주 보이기 때문이다.

희미하고 연속적인 층처럼 하늘을 덮고 있는 권운은 '권층운(털층구름)'이다. 이제 푸른색이 우윳빛에 그 자리를 내어준다. 태양 주위에 빛나는 원을 발견할 수 있다. 바로 '무리(halo)'다. 때로는 태양의 양쪽에서 무리의 일부만 볼 수 있다. 이를 '무리해'라고 한다.

비행기의 긴 구름꼬리 또한 높은 고도에서 형성되는 구름이다. 항공기 배기가스로 형성된 응결 흔적이 흰색 줄무늬로 나타난다. 공식 명칭은 '비행운(Contrails)'이다.

> **예상 날씨:** 구름이 팽창하거나 햇빛을 차단하면 구름이 위치한 층이 더 습해진다. 이는 날씨가 나빠진다는 신호일 수 있다. 서쪽에서 다른 공기 덩어리가 도착할 때 이런 일이 발생한다. 우선 최상층 공기층이 흐려지고 그다음 그 아래층에 구름이 늘어난다. 결국 전체 구름 덩어리가 너무 두꺼워져 비가 내리게 된다.

▶ 권운은 상층 공기에서 바람의 영향으로 '권적운(양털구름)'을 형성할 수 있다.

구름 가족 ② 중층운

고도 2~6km에서 형성되는 구름은 중층운에 속한다. 이 구름은 대류권 한가운데 층에 떠 있다. 기온 변화가 커서 매우 흥미로운 공기층이다. 말 그대로 얼었다 녹았다 할 수 있다. 공기는 더 높은 곳으로 올라가면 올라갈수록 냉각된다. 1,000m를 올라갈 때마다 습한 공기는 기온이 섭씨 5도, 건조한 공기는 섭씨 10도까지 떨어진다. 지표면 기온이 영상 15도이면 2km 고도에서는 영상 5도에서 영하 5도 사이가 될 수 있다(지표면보다 10도에서 20도 더 춥다). 이때도 구름은 여전히 물방울로 이뤄져 있으며 윤곽이 선명하다.

중층운은 최대 고도 6km에서도 형성될 수 있다. 이 고도에서 겨울에는 기온이 영하 30도까지 떨어진다. 이때 구름은 얼음 결정(눈의 형태)으로만 이뤄져 있다. 희미한 윤곽으로 식별할 수 있다. 이 공기층에 속하는 구름은 다양한 구성을 띠는 경우가 많다. 더 희미한 윤곽을 가진 얼음 결정과 동시에 더 선명한 가장자리를 가진 물방울로 이뤄지는 경우도 있다. 기온이 영하 10도에서 영하 23도 사이에 있는 지역은 과냉각된 물방울뿐 아니라 얼음 결정이 뒤섞여 발생하는 '박명 지역(twilight area)'이다. 그로 인해 이 구름은 다양한 속성을 가진다.

중층운에는 2가지 구름이 있다. 하나는 여전히 주위에 약간의 푸른색을 띨 수 있는 둥근 모양의 '고적운'이다. 일반적으로 우리는 이 구름을 '양떼구름'이라고 부른다. 이 고적운이 한데 합쳐지면 거의 이음매가 없는 '층적운(두루마리구름)'으로 변한다(하층운 설명 참조).

▲ 해 질 무렵 중층운인 양떼구름이 형형색색으로 빛나고 있다.

만약 구름의 윤곽을 거의 볼 수 없다면, 중층운의 두 번째 구름인 '고층운(높층구름)'이다. 다양한 회색빛은 여전하지만 아직 비를 내리지는 않는다. 비가 내릴 경우 고층운은 균일한 회색빛을 띠면서 하층운인 '난층운'이 된다. 이 구름이 바로 회색빛의 비구름 또는 겨울의 눈구름이다. 이

구름은 때로 최하층 공기층에 있는 구름과 결합한다.

예상 날씨: 구름에 잔물결이나 파도와 같은 윤곽이 보인다면 공기가 다른 공기를 미끄러져 지나가기 때문일 수 있다. 구름이 윤곽을 잃거나 뭉치면 날씨가 나빠진다는 신호다.

구름 가족 ③ 하층운

세 번째 구름 가족은 하층운에서 형성된다. 이 구름은 고도 2km 아래에서 나타나며 대부분 물방울로 이뤄져 있다. 이 공기층에서는 지표면과의 에너지 교환이 중요한 역할을 하므로 구름의 일상이 눈에 잘 띈다. '적운(뭉게구름)'도 이와 비슷하지만, 발생 방식이 달라서 네 번째 구름 가족인 수직발달운으로 분류한다.

하층운의 구름은 3가지다. 구름이 어느 정도 퍼져 있으면 '층적운'이다. '두루마리구름'으로도 부르는 층적운은 상승하는 공기가 더이상 수직으로 올라가지 못하고 '역전층(inversion layer)'에 부딪힐 때 발생한다. 역전층은 고기압 지역 대기에서 오히려 기온 역전 현상을 보이는 층을 말한다. 보통은 고도가 높아지면 기온이 내려가지만, 역전층에서는 공기가 냉각되지 않는다. 그로 인해 구름이 수직으로 발달하지 못하고 옆으로 퍼져나간다.

구름층이 고르게 덮이면 '층운(층구름)'이다. 중층운이나 상층운과 마찬가지로 윤곽을 거의 찾아볼 수 없다. 층운은 공기 입자가 가깝게 붙어 있고 비를 내리면 '난층운(비구름)'이 된다. 층운이 너무 낮게 떠 있어서 지면 근처에 걸리게 되면 '안개'라고 부른다. 특히 가을과 겨울에 자주 나타난다. 물방울의 양과 크기는 제각각이다. 안개가 엷으면 주변을 꽤 멀리까지 볼 수 있지만, 물방울이 서로 가깝게 붙어 있다면 눈앞에 있는 손조차 보이지 않을 수도 있다.

구름이 높은 공기층에 있는지 낮은 공기층에 있는지 어떻게 알 수 있을까? 무엇보다도 경험이 필요하다. 예를 들어 서로 다른 방향으로 움직이는 여러 구름층을 관찰해보는 것이다. 사진으로는 식별이 어렵고 실제로 관측하거나 영상을 보면 그 차이를 보다 쉽게 알 수 있다. 뭉게구름은 언제 낮은 적운이고 언제 높은 고적운일까? 손쉬운 방법은 구름 바닥이 잘 보이는지 확인하는 것이다. 뭉게구름은 경계가 선명한 편평한 바닥을 갖고 있다. 그렇게 보인다면 대기권 하층에 떠 있는 일반적인 적운이다. 만약 바닥 경계가 명확하지 않은 둥근 모양의 구름만 보인다면 더 높은 고도에 떠 있는 고적운이다.

> **예상 날씨:** 구름의 회색빛이 어두워질수록 옷이 흠뻑 젖을 가능성도 높아진다.

◀ 때때로 낮게 걸린 구름은 햇빛을 거의 통과시키지 못해 어두컴컴한 회색빛을 보인다.

구름 가족④ 수직발달운

가장 흥미로운 구름 가족은 수직으로 발달하는 수직발달운이다. 처음에는 대류권 아래 몇 개의 다정한 뭉게구름으로 시작하지만, 대기 구성이 알맞게 갖춰지면 점점 더 높이 치솟아 올라갈 수 있다. 특히 여름에 주로 나타난다. '뭉게구름', 즉 '적운'은 대개 아침에 만들어진다. 지표면이 태양열로 데워지면 주변 공기도 따뜻해진다. 따뜻한 공기는 상대적으로 가벼우므로 상승한다. 공기방울이 높이 올라가면 올라갈수록 주변은 더 차가워지고 공기방울이 머금은 수증기는 응결한다. 그렇게 이 물방울들은 푸른 하늘 사이로 부풀어오른다.

초기 뭉게구름을 '넓적구름(Humilis)'이라고도 부른다. 더 발달하면 '중간적운'이 된다. 이때 구름 꼭대기가 더 많이 부풀어 오른 것을 볼 수 있다. 이 중간 크기의 적운이 구름 줄기처럼 바람 방향으로 평행하게 정렬하면 '방사형 중간적운'이 된다. 중간 적운이 계속 성장해 대기 중층의 공기층까지 침투하면, '봉우리적운(콜리플라워구름)'이 된다. 이 구름은 비를 내릴 만큼 아직 충분히 크진 않지만, 어차피 시간문제일 뿐이다.

뭉게구름이 가장 발달하면 모든 구름의 어머니라 할 수 있는 '적란운(쌘비구름)'이 된다. 적란운 주변의 역학적 특성은 매우 복잡하며, 동반하는 날씨 또한 빠르게 변할 수 있다. 구름 바닥과 꼭대기 공기의 기온 차가 크면 클수록 적운의 성장 속도는 더 빨라지고, 그에 따른 기상 현상도 더 격렬해진다. 열대 지역의 적란운은 고도 18km까지 성장하기도 한다. 적란운은 비는 물론이고 우박, 뇌우, 돌풍 그 무엇도 만들어질 수 있다. 다만 그 정도로 커지는 데 시간이 걸리기에 여름철 오후나 저녁에만 이 구름을 볼 수 있다.

적란운 윗부분이 편평하게 퍼지면 '모루구름(Incus)'이다. 모루구름 아래쪽으로 둥근 모양의 처진 부분이 생기는데, 젖소의 유방 모양을 닮아서 '유방구름(Mammatus)'이라고 부른다. 모두 적란운의 일종이다.

적란운은 태풍의 뼈대가 되기도 한다. 적절한 조건만 갖춰지면 수많은 뇌우가 자체적으로 만들어지고 서로 거대한 연속적인 뇌우 복합체가 형성된다. 이때 동반하는 갖가지 현상은 뒤에서 좀 더 자세히 설명한다.

> **예상 날씨:** 빠르게 성장한 수직발달운은 강력한 소나기의 예고편이다. 비를 뿌릴 때 주변 공기를 밀어내므로 소나기가 내리기 전 돌풍이 분다.

▶ 평온해 보인 이 쌍둥이 봉우리적운은 순식간 자라나 15분 만에 억수 같은 비를 퍼부었다.

사람이 만들어내는 구름

어떤 구름은 자연 과정에서 생성되는 게 아니라 인간 활동에 의해 직간접적으로 만들어지기도 하는데, 이를 '인공구름(Homogenitus)'이라고 부른다. 공장 시설 상공에서 형성되는 뭉게구름이 대표적이다. 공장 굴뚝에서 피어오르는 연기가 거대한 적운을 형성한다. 누구나 한 번쯤은 이런 구름을 본 적이 있을 것이다. 구름 공장이라고 불러도 손색이 없을 정도다. 어쨌든 자연 현상이 아니라 인간이 만들어낸 구름이다. 어떻게 생성되는지에 따라 이름도 제각각이다.

▼ 폐쇄가 결정된 암스테르담의 헴베흐 석탄 발전소는 그야말로 '구름 공장'이었다.

▲ 바다 위 선박이 지나가면서 '선로구름'을 만들어내기도 한다. 인공위성에서 촬영한 사진.

항공기 줄무늬

인간 활동의 결과로 나타나는 또 다른 구름은 '비행운'이다. 비행기가 고도 8~12km 사이를 비행하며 남기는 이 흰색 줄무늬 구름은 항공기 엔진이 배출하는 가스 때문에 생긴다. 가스 중의 수증기는 영하 40도 이하에서 얼어붙는다. 그렇게 얼음 결정으로 이뤄진 구름이 순간적으로 생기면서 하늘에 흰색 줄무늬를 만들어낸다.

비행운 또한 인공구름이다. 구름 도감을 살펴보면 '항공기권운(Cirrus aviaticus)'이라고도 명시하고 있다.

그런데 응결 흔적이 언제나 흰색인 것은 아니다. 태양이 낮게 떠 있을 때는 노란색이나 주황색을 띠기도 한다. 때로 응결 흔적이 아래에 있는 구름에 그림자를 드리우면 어두운 회색의 '그림자 줄무늬'를 자아내기도 한다.

예상 날씨: 비행운이 빠르게 흩어진다면 상층 공기가 건조하다는 뜻이다. 비가 올 걱정은 하지 않아도 된다. 하지만 줄무늬가 빠르게 커진다면 상층 공기가 습하다는 의미다. 기상 악화의 전조가 될 수 있다.

▲ 바다 위 선박이 지나가면서 '선로구름'을 만들어내기도 한다. 인공위성에서 촬영한 사진.

선로구름

비행운과 비교할 수 있는 구름은 선박의 '선로구름(Ship track clouds)'이다. 선로구름은 선박이 영향을 미치는 하층 공기층에서 발생한다. 이 구름 역시 공장 굴뚝의 구름과 유사한 방식으로 형성된다. 배기가스와 수증기로 기다란 응결 흔적이 생긴다. 바다 위에 걸려 있는 선로구름은 해수면에서는 잘 보이지 않기 때문에, 제대로 관찰하려면 인공위성이 필요하다.

예상 날씨: 구름이 성장하면 소나기가 내릴 수 있으며, 비를 동반하지 않는 층적운(두루마리구름)을 형성할 수도 있다.

▲ 풍력발전기는 공기를 교란하기에 경계층에서 엷은 구름을 만들어내기도 한다.

난기류구름

인공구름 가운데 풍력발전기의 영향으로 형성되는 것도 있다. 공식 명칭은 아직 없다. 그리고 이름을 붙이기에는 매우 드물게 나타난다. 이 구름은 풍력발전기의 난기류에 공기층이 영향을 받아 생긴다. 공기층 바닥이 충분히 습하면서도 기존 수증기가 아직 응결하지 않았을 때 공기의 강제 냉각으로 나타날 수도 있다. 이 경우 난기류구름은 응결 흔적처럼 보이지만 다른 방식으로 형성되기도 한다. 난기류는 바로 위층에 있는 건조한 공기와 뒤섞여 엷은 구름층이나 안개를 만들어낸다.

인간 활동의 영향으로 눈에 보이는 구름이 형성되지만, 특정 환경에서는 되레 인간 활동 때문에 구름 일부가 사라질 수도 있다. 그 결과 구름층에서 갑자기 구름이 없는 구멍이나 줄무늬가 생기는 모습을 관찰할 수 있다.

구름 없는 줄무늬

비행운과 상대적인 모양으로 이른바 '역 줄무늬'를 볼 수 있다. 이 줄무늬는 구름이 있는 곳을 항공기가 지나간 자리에 생긴다. 이와 같은 구름이 없는 영역을 '소실 항적(dissipation trail)'이라고 부르며, 다른 명칭으로는 '운하구름(Canal clouds)'이다.

이 '운하'는 구름층이 매우 엷을 때만 형성된다. 항공기가 구름층을 거의 같은 고도로 장시간 비행해 지나가면, 따뜻한 배기가스가 구름 속 물방울을 증발시켜 보다 깨끗한 통로를 남기게 된다. 지나가는 항공기의 난기류로 인해 습한 구름층이 상층부와 하층부의 건조한 공기와 섞여 통로가 만들어지기도 한다. 이때도 구름은 부분적으로 소실된다.

대기의 움직임이 거의 없다면 소실 항적이 꽤 오래갈 수 있지만, 운하구름이 아닐 때도 있다. 비행운의 그림자인 경우다. 항공기는 엷은 구름층 위를 비행하면서 아래에 검은 그림자 줄무늬를 만들어내면 마치 운하구름처럼 보인다.

◀ 엷은 고적운 구름층 사이로 비행기가 통과한 흔적이 보인다.

구름 구멍

구름 조각 다발로 이뤄진 구름층에서 이상하게 원형 또는 타원형 구멍이 난 것을 본 적이 있을 것이다. 이를 '펀치 홀(punch hole)', '폴스트리크 홀(fallstreak hole)' 등으로 부르는데, 어떻게 부르든 모두 '구멍'을 일컫는다. 정말로 구름에 구멍이 난 듯 보이기 때문이다.

이 구름 구멍은 과냉각된 물방울이나 얼음 결정으로 이뤄진 권적운 또는 고적운에서 발생한다. 얇은 구름층 사이로 형성된 얼음 결정이 무게를 이기지 못하고 하강하면서 주변 수증기를 흡수해 기화할 때 이런 구멍이 나타난다. 얇은 구름층은 응결점 바로 아래에 있는 물방울로 이뤄져 있지만 얼음이 정착할 수 있는 응결핵이 부족해 얼지는 않은 상태인데, 이때 지나가는 항공기나 대기 중

다른 회오리 등으로 인해 과냉각된 물방울에서 응결핵이 형성될 수 있다. 그러면 그 부분은 무게 때문에 구름 한 가운데서 아래로 떨어진다. 보통은 인공적인 현상이지만 가끔은 자연 현상으로 생기기도 한다.

드문 일도 아니다. 1년에 몇 번은 부분적으로 구름 낀 하늘에서 이 구름 구멍을 볼 수 있다.

> **예상 날씨:** 없음. 엷은 구름이라서 날씨 변화를 유발하지 않는다. 엷은 구름층은 금세 형성될 수 있다. 해당 고도의 공기가 더 습해지고 있다는 신호다. 습해지면 기존 수증기가 응결하므로 더 차가워진다.

▲ 갖가지 구름 구멍의 인공위성 사진.

▶ 가끔은 떨어져 내려온 구름 조각을 볼 수 있다.

▲ 헬가 가족이 휴가 중일 때 발생한 이 화재적운은 피레네산맥의 맹렬한 산불이 원인이었다. 가족은 차 안에서 두려운 밤을 보내야 했다.

불이 만들어내는 구름

구름은 태양에 의해 공기가 데워져 생성되지만, 또 다른 열원으로 만들어질 수도 있다. 가장 일반적인 열원은 불, 즉 '화재'다. 앞서 살펴본 공장 굴뚝도 구름을 만드는데, 조건만 갖춰지면 그 즉시 구름 공장이 된다. 이렇게 형성된 구름을 '화재적운(Pyrocumulus)'이라고 부른다. 거대한 굴뚝에서 하얀 연기가 뭉게구름처럼 피어오르는

광경을 본 적이 있을 것이다. 시커먼 연기가 아니라 완전히 하얗다. 뜨거운 수증기가 굴뚝에서 빠져나오자마자 찬 공기에 물방울로 응결해 하얀 구름이 되는 것이다. 이 경우 원인은 불이 아닌 열이다. 바람이 거의 없을 때는 구름이 똑바로 위를 향해 올라가고, 바람이 많이 불면 깃털처럼 사방으로 흩어진다. 이 연기구름이 날리는 방향을 보

◀ 산불이 난 이후 태양 앞쪽을 가린 갈색 화재적운(위). 화재적운은 보통 구름과는 다른 색을 띤다(아래).

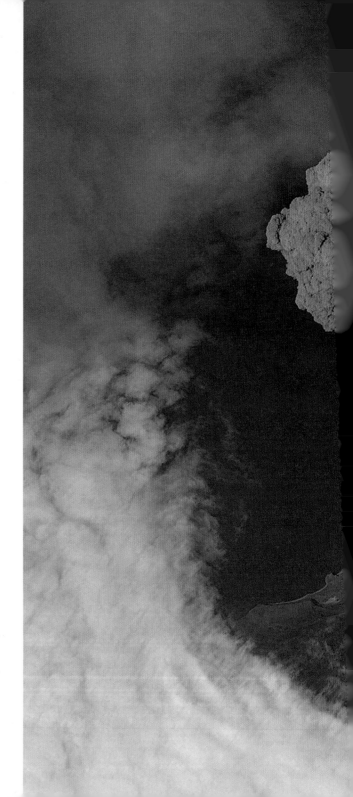

면 바람 방향을 즉시 알아낼 수 있다. 그리고 이 구름이 빠르게 사라진다면 그 층에는 공기가 건조하다는 뜻이다. 산불 같은 열원은 하얀 구름을 거의 생성하지 않는데, 엄청난 양의 재와 그을음을 방출하기 때문이다. 화재적운은 검은색이나 갈색으로 시작되다가 높은 고도에 이르면 색이 옅어져 위쪽이 하얗게 바뀌며, 흰색 적운으로 계속 성장할 수 있다. 화재적운은 색이 달라서 먼 거리에서도 구별하기 어렵지 않다. 무더위와 가뭄 때 나타나는 희미한 갈색 구름은 큰 산불이 일어났다는 신호일 수 있다.

화재는 열 때문에 불규칙적인 바람을 일으키므로 위험한 상황을 초래할 수 있다. 화재적운을 목격한다면 가까이 가지 말고 멀리 안전한 곳으로 대피해야 한다.

'플라마게니투스(Flammagenitus)'라고 이름 붙인 적란운은 화산 폭발로 생성된 구름이다. 화재와는 치원이 다르다. 화산이 폭발할 때 분출되는 어마어마한 양의 뜨거운 화산재, 돌가루, 유리 입자 등이 응결핵으로 작용해 거대한 적란운을 형성한다. 이 구름은 오염된 비와 뇌우를 동반하며 통제가 거의 불가능하다.

> **예상 날씨:** 화창한 날 저 멀리에서 빠르게 상승하는 구름은 발전소 같은 열원으로 생기기도 하지만, 어딘가에서 맹렬한 화재가 일어났을지도 모른다. 조심하자.

▶ 화산 폭발 직후 급속도로 성장하고 있는 거대 버섯 모양의 화재적운.

날씨가 된 스모그

뚜렷한 테두리를 가진 구름을 본 적은 없어도, 파란 하늘 아래 지저분한 지평선을 본 적은 있을 것이다. 아마도 자주. 높은 곳에 오르면 훨씬 더 잘 보인다. 아예 안개처럼 지표면을 뒤덮기도 한다. 바로 '스모그(smog)'다. 옅은 회색을 띠기도 하고 황색을 띠기도 하는데, 발생 원인에 따라 다르다.

여름에는 태양이 강렬한데, 기온이 높을 때 햇빛은 자동차나 산업시설에서 나오는 배기가스에 영향을 미쳐 많은 오존을 만들어낸다. 그때 생성되는 광화학 스모그는 황갈색을 띤다. 겨울에는 다른 방식의 스모그가 발생하기도 한다. 추위와 습기의 영향으로 미세먼지와 이산화황이 반응해 오존을 방출한다. 땔감을 태울 때 또는 불꽃놀이가 그 원인이다. 이 산업 스모그는 회색을 더 띠지만, 이따금 저 멀리 보이는 진짜 안개의 회색과 혼동해서는 안 된다.

매년 겨울이 되면 중국, 폴란드, 러시아 등지에서 회색 담요가 도시를 뒤덮었다는 뉴스를 듣는다. 스모그는 명백히 대기오염이지만 언젠가부터 날씨가 됐다. 스모그는 시야를 제한할 뿐 아니라 건강에 매우 해롭다. 기침, 목 건조, 숨 막힘 같은 호흡기 질환을 유발하며 두통, 메스꺼움, 현기증의 요인이다. 예외 없이 전세계 대도시가 직면한 큰 문제다. 잔잔하고 바람 없는 날은 스모그에는 이상적이고 인간에게는 최악이다.

배기가스는 대기 바닥층에 갇혀 있다. 고기압 지역에서는 공기가 위로 쉽게 빠져나갈 수 없다. 바닥 공기층에는 일종의 덮개가 있는데, 이것이 앞서 언급한 '역전층'이다. 고도가 상승하는데도 기온이 내려가지 않고 올라가는 공기층이다. 도시가 골짜기에 위치하거나 언덕과 산으로 둘러싸여 있으면 스모그가 계속해서 머물게 된다. 바람이 강하게 불거나 장기간 비가 내리면 스모그가 흩어진다. 기상 조건이 일시적으로 대기의 질을 개선할 수 있지만, 보다 근본적인 원인을 제거하지 않으면 스모그는 계속해서 발생할 것이다.

> **예상 날씨:** 없음. 바람 없고 잔잔한 날이 며칠 동안 계속되면 스모그가 발생할 수 있다. 폐나 기도가 약한 사람들은 특히 조심해야 하므로 일기예보에 포함됐다. 스모그가 심할 때는 야외 활동은 피하는 게 좋다. 동풍과 남풍이 약할 때 스모그 발생 가능성이 가장 높다.

▶ 겨울 스모그는 날이 맑고 추운 날에 더욱 심하다. 수평선 위로 오염된 스모그층이 보인다.

가라앉는 구름

구름 모양이 특이하거나 파란 하늘과 대비가 확연한 날에는 예쁜 사진을 얻을 수 있다. 구름과 빛의 조화는 언제 봐도 신비롭다. 하지만 아무리 하늘이 아름다워 그 멋진 모습을 사진으로 남기고 싶더라도, 비에 흠뻑 젖고 싶지 않다면 야외에서 하늘을 너무 오래 바라보고 있으면 안 된다.

미류운

구름 아래로 마치 커튼이 매달려 있는 모습을 볼 때가 있다. 구름에서 얼음 결정과 물방울 또는 눈의 형태로 강수가 떨어지는 광경이다. 기상학에서 강수란 지표면에 떨어지거나 응결할 수 있는 모든 것을 뜻하는 집합명사다. 바람 때문에 강수 커튼이 비스듬히 매달려 있을 수도 있다. 회색 커튼은 비가 내릴 전조다. 흰색 커튼은 날씨가 추울 때 볼 수 있고 때때로 눈을 포함한다.

그런데 떨어질 강수가 비든 눈이든 간에, 이러한 유형의 구름일 때 강수는 지표면에 도달하지 않는다. 내리는 비나 눈이 건조한 공기 또는 따뜻한 공기 속으로 떨어지기에 도중에 증발한다. 이를 '미류운(Virga)'이라고 한다. '꼬리구름'이라고도 부른다. 미류운이 품은 강수량은 많지 않다. 만약 꽤 많은 양의 강수를 포함하고 있다면 떨어지

는 동안 증발할 시간이 없기 때문이다. 강수가 지표면에 도달하면 미류운이 아니다. '강수구름(Praecipitatio)'이라는 이름이 따로 붙는다. 미류운은 모든 대기층에서 나타날 수 있으며, 어떤 구름도 미류운이 될 수 있다.

> **예상 날씨:** 강수가 지표면에 닿기 전에 증발하므로 건조한 상태가 유지된다. 항공기가 미류운 속을 통과해 비행할 경우, 돌풍과 일시적 시야 저하가 발생할 수 있기에 주의해서 운항해야 한다.

해파리구름

'해파리구름(Jellyfish clouds)'은 미류운의 변종이다. 공식 명칭은 아니다. 구름 바닥에 일종의 '촉수'가 있는 작은 고적운이다. 이 구름은 차가운 공기층에서 종종 볼 수 있는데, 구름 일부가 물리적 과정을 통해 응결하면서 비를 내리게 된다. 촉수의 윤곽을 통해 떨어지는 것이 주로 얼음 결정임을 알 수 있다. 해파리가 하늘에 매달려 있는 듯 보인다. 찬 공기에서는 하늘의 푸른색이 더욱 진해서 해파리구름 사진을 더 멋지게 연출할 수 있다.

> **예상 날씨:** 구름이 작고 강수는 지표면에 닿기 전에 증발하니까 전혀 걱정할 필요 없다.

◀ 미류운(꼬리구름)의 강수는 지표면에 닿기 전에 사라진다.

UFO인가 구름인가

하늘을 보다가 이상한 비행접시 모양의 구름을 발견할 때가 있다. 보통은 'UFO구름'이라고 부르는데, 렌즈 모양을 닮아서 '렌즈구름(Lenticularis)'이다. 렌즈구름은 대기 중간층에서 생성된다. 정식 명칭은 '렌즈고적운(Altocumulus lenticularis)'이다. 다른 고도에서도 나타난다. 6~12km 사이의 대기층에 있으면 '렌즈권적운'이고, 하층에서 생기면 '렌즈층적운'이다.

렌즈구름은 공기가 위로 상승하면서 형성된다. 공기가 빠르게 위아래로 파도처럼 움직이면서 이런 모양의 구름을 만든다. 공기의 이 같은 움직임은 산이나 언덕에서 자주 일어나지만, 쉽게 섞이지 않는 공기층 때문에 다가온 공기가 강제로 상승해 일어나기도 한다. 산을 예로 들면 이해가 쉽다. 공기가 바람과 함께 산을 타면 꼭대기까지는 상승했다가 다시 산 아래로 하강하게 된다. 그리고 아래의 기존 공기층과 충돌해 다시 상승한다. 이런 식으로 공기가 올라갔다 내려갔다 움직인다. 공기의 이런 움직임은 산과 같은 지형을 통과할 때 나타나지만, 도시의 빌딩 숲 또한 유사한 움직임을 초래한다.

구름의 형성 과정은 기본적으로 그 원리가 같다. 공기가 상승하면 공기방울 중 수증기가 응결해 구름을 형성한다. 반대로 공기가 하강하면 따뜻한 환경으로 되돌아가 응결이 풀리고 수증기로 변한다. 이런 패턴이 계속되면 공기가 계속 상승해야 하는 위치에서 렌즈 모양 구름이 생긴다.

특이한 점은 이 구름이 대체로 같은 위치에 계속 걸려 있다는 것이다. 공기는 계속 흐르지만 실제로 뒤쪽에 있는 구름은 하강 운동을 하면서 용해되기 때문이다. 그래서 얼핏 렌즈구름이 정지한 것처럼 보여도, 사실 상승 공기가 매번 새롭게 응결하고 있는 것이다.

산악 지역에서 여러 개의 렌즈구름이 서로 층을 이루는 경우도 있다. 마침 여러 개의 공기층이 서로 상승하면서 파동을 일으킨 결과다. 접시를 쌓아놓은 것처럼 보인다. 하지만 대개의 렌즈구름은 하나의 층만 이룬다.

예상 날씨: 때로 렌즈구름은 산을 타고 내려오는 따뜻하고 건조한 바람인 푄(foehn)을 동반한다. 겨울 스포츠 지역에서 렌즈구름이 나타났다면 기상 악화의 전조다. 날씨가 좋을 때 볼 수 있지만, 대기가 오랫동안 불안정하다는 전조이며 기상 악화로 이어진다.

▶ 렌즈구름을 아몬드구름이라고도 부른다.

▲ 거친물결구름은 격렬한 역동성을 표현한 이름이다.

물결과 파도

거친물결구름

하늘을 올려다보면서 자신이 바닷속에 있다고 상상해보자. 거칠고 혼란스러우면서도 물결 모양이 묘하게 질서정연한 구름이 보인다. '거친물결구름(Asperitas)'이다.

거친물결구름은 예전부터 존재했지만, 2015년에서야 공식 이름을 얻게 됐다. '아스페리타스'는 라틴어로 '울퉁불퉁한' 또는 '거칠한'이라는 뜻이다. 정식 명칭은 '거친물결모양고층운(Altostratus undulatus asperitas)'이다.

▲ 한데 합쳐진 거친물결구름의 구름층.

이 구름은 구름층의 두께가 달라서 회색빛의 입사각이 매우 다양하다. 그 모습이 무척 역동적이고 불길한 기운까지 풍긴다. 물결 구조의 대비 차이가 클 때는 더 그렇다. 물결 구조는 찬 공기와 따뜻한 공기의 경계면에서 생긴다. 공기는 섞이지 않고 위아래로 움직인다. 이 때문에 파도가 일렁이는 것 같은 모습도 볼 수 있다. 스마트폰의 '타임 랩스(time lapse, 저속 촬영)' 기능을 활용하면 구름이 실제로 파도처럼 넘실거리는 모습을 관찰할 수 있다.

예상 날씨: 거친물결구름은 뇌우와 같은 악천후가 지나간 뒤에 발생한다. 하지만 소나기가 내리기 직전에도 일어날 수 있다. 거친물결구름은 대기가 수직 운동을 허용할 만큼 불안정한 동시에 움직임을 억제할 수 있을 만큼 안정적일 때 발생한다.

파도구름

하늘에서 파도가 일렁이는 것 같은 모양의 구름이 또 있다. 거친물결구름은 구름층 바닥에서 그 모습을 관찰할 수 있지만, 때로는 그 파도가 구름 꼭대기에서도 일어난다.

'파도구름(Fluctus)'으로 불리는 이 희귀한 구름은 비록 자주 볼 수는 없지만 굉장히 인상적이다. 이름 그대로 하늘에서 파도가 부서지는 것 같다. 일반적으로는 구름 꼭대기 부분에서 발생하며, 정말로 부서지는 파도 모양이다. 공식 명칭은 대기의 불안정성을 연구한 두 기상학자의 이름을 따서 켈빈-헬름홀츠파구름(Kevin-Helmholtz wave clouds)이다.

켈빈-헬름홀츠파구름은 잠깐 형성되며 높은 고도에서 낮은 고도에 이르기까지 다양한 구름 유형에서 발생한다. 원인은 풍속과 바람 방향의 변화다. 두 공기층 사이에 수분과 온도 차가 상당히 크고 상층 공기층이 하층 공기층보다 빠르게 움직이면 파도 형태의 기존 구름층 꼭대기가 부서질 수 있는데, 이는 바람이 강하게 불 때 실제로 바다 수면에서 보이는 모습과 흡사하다.

예상 날씨: 없음. 매우 아름답기만 하다.

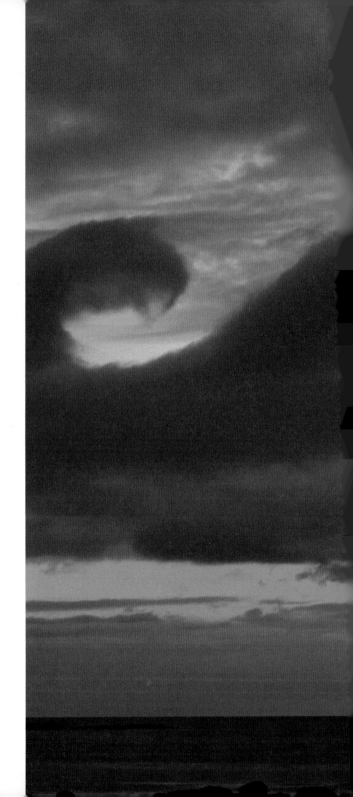

▶ 켈빈-헬름홀츠파구름은 구름 띠 상단이 부서지는 파도를 닮았다.

모루구름과 유방구름

적란운의 수직 구조는 다른 구름과 분리될 때 명확하다. 하층에서 상층까지 많은 일이 일어나고 있으며 다양한 기상 과정도 진행되고 있다. 상승하는 공기의 움직임과 함께 공기가 급격히 줄어들며 구름 바닥과 측면에서 대량의 공기가 유입된다. 수증기는 응결해 다시 증발한다. 물방울은 구름 속에서 충돌과 반복적인 순환을 통해 더 큰 우박으로 성장할 수 있는 얼음덩어리가 된다. 떨어지는 강수는 공기 이동을 일으켜 돌풍이나 난기류를 만든다. 적란운의 역학적 특성보다 더 복잡한 것은 없다.

모루구름

적운이 성장해 높은 고도에 이르면, 꼭대기에서 밖으로 퍼져나가는 모습을 볼 수 있다. 상승하던 기류는 대류권의 상단에 부딪힌다. 대류권과 성층권 경계면의 공기는 차가워지지 않고 다시 따뜻해진다. 그러면 경계층이 덮개 역할을 해서 적란운 꼭대기가 펼쳐진다. 그렇게 편평한 구름 꼭대기가 생기는데, 구름 꼭대기의 바람이 그 아래보다 훨씬 강하게 불기 때문이다. 이 모양이 마치 모루를 닮았다 해서 '모루구름'이다.

> **예상 날씨:** 적란운이 더 빨리 발달하면 더 빨리 꼭대기가 부딪힌다. 모루구름은 우박, 뇌우, 돌풍을 동반하는 강한 소나기가 내린다는 신호다.

유방구름

약간의 운만 더 따르면 모루구름 바닥에 신기한 구조물이 생기기도 한다. 이 희귀하고 진기한 구름은 아래로 늘어진 둥근 모양으로 금세 이름이 붙여졌다. 영락없이 젖소의 유방이다. 공식 명칭인 '맘마투스(Mammatus)'가 라틴어로 '유방', '유방처럼 생긴'이라는 뜻이다. 유방구름은 폭풍이 지나간 후 적란운 뒤쪽에 이따금 나타난다. 늘어진 부분은 모루 바닥에서 볼 수 있으며, 일몰 때 빛이 그곳을 비출 때 가장 아름답다. 이 둥근 구름 덩어리는 모루에서 아래로 떨어지는 얼음 결정과 눈송이로 형성된다. 아래의 건조하고 따뜻한 공기가 증발해 더 차갑고 무거워지는 것이다. 생각보다 커서 지름이 1~3km 정도에 이른다.

> **예상 날씨:** 없음. 유방구름은 뇌우가 내린 뒤 해가 질 무렵 나타난다. 특별한 기상 현상을 일으키지는 않는다.

◀ 빠르게 발달하는 적란운 꼭대기에 나란히 생긴 두 개의 모루(위). 유방구름은 아래로 줄줄이 늘어진 젖소의 둥근 유방 모양이다(아래).

악천후의 전조

폭우가 내리는 동안에는 역동성이 너무 커서 적란운의 바닥이나 바로 앞에 희귀한 구름이 생성되기도 한다.

두루마리구름

때때로 공기는 아치 모양이나 두루마리 모양으로 구른다. 공기가 매우 빠르게 움직인다는 사실을 보여준다. '두루마리구름(층적운)'은 상층 공기층에 있던 찬 공기가 아래로 내려올 때 형성된다. 찬 공기는 따뜻한 공기를 위로 밀어 올리기 때문에 상승하는 공기가 응결한다. 그래서 두루마리처럼 둘둘 말린 구름이 생겨난다. 돌풍이 심한 지역 최전방 경계면에서 발생한다. 두루마리구름은 적란운으로 분류하지 않는다. 비슷한 모양으로 적란운에 속하는 것은 '선반구름(Shelf cloud)'이다.

> **예상 날씨:** 두루마리구름은 일시적으로 돌풍을 일으킬 수 있지만, 특정 지역 말고는 자주 형성되지 않는다.

선반구름

선반구름은 두루마리구름의 변종이다. 두루마리구름과 헷갈리지만 중요한 차이점이 있다. 선반구름은 보다 큰 구름(적란운)에 붙어 있지만 두루마리구름은 따로 형성된다는 것이다. 선반구름은 뇌우가 다가오고 있다는 예고다. 여기에서 상층 공기층에서 지표면으로 끌려 내려온 찬 공기가 따뜻한 공기를 들어 올린다. 그렇게 점점 오르다가 편평한 바닥이 생성된다. 그래서 선반구름이다. 뇌우가 더 가까이 다가오기 전 하늘이 불길한 녹색과 회색으로 변하기 때문에 이 구름을 알아볼 수 있다.

> **예상 날씨:** 선반구름은 우박과 강한 돌풍을 동반하는 뇌우 전면에서 볼 수 있다. 매우 빠르게 다가오는 악천후의 징조다.

고래입구름

선반구름의 부수적인 현상은 모양이 다른 뭔가와 닮았다는 것이다. 마치 고래의 입을 보는 것 같다. 그래서 '고래의 입(Whale's mouth)'이라고도 부른다. 공식 명칭은 아니고, 선반구름의 별칭이다. 강렬한 대비 차로 그 모습이 인상적이다. 당장이라도 고래가 입을 쫙 벌릴 것 같다.

> **예상 날씨:** 야외에 있는데 고래의 입이 보인다면 얼른 대피하는 게 좋다. 곧 악천후가 불어 닥칠 것이다.

▶ 선반구름은 악천후를 몰고 온다. 고래가 먹이를 찾는 것 같다.

하늘에서 내려온 연막

안개는 사실 땅 위에 떠 있는 구름이다. 둥둥 떠다니는 작은 물방울 때문에 앞을 멀리 볼 수 없다. 공식적으로 지표면의 가시거리가 1km 이내일 때 안개라고 부른다.

작은 물방울이 서로 가까이 있을수록 가시거리가 줄어든다. 가시거리가 200m 이내일 경우 차량 흐름을 심하게 방해할 수 있으며, 이를 일기예보에서 '짙은 안개'라고 표현한다. 가시거리가 50m 이내라면 사람이 걷는 속도로 운전할 수밖에 없다.

안개는 염분, 먼지, 매연 입자와 같은 응결핵이 산재해 있고 바람이 거의 불지 않을 때 더 쉽게 발생한다. 수증기는 떠다니는 입자에 들러붙을 수 있기에 응결할 가능성이 더 크다. 안개는 지표면의 열 손실, 외부에서의 수증기 유입, 심지어 불꽃놀이의 결과로도 나타난다.

가장 잘 알려진 형태는 '복사안개(radiation fog)'다. 이 안개는 맑은 날 밤에 발생한다. 지표면의 복사 냉각으로 열을 잃게 되고 근처 공기도 냉각된다. 찬 공기는 따뜻한 공기보다 수증기 함유량이 적을 수 있어서 냉각될 때 작은 물방울로 변한다. 그러면 안개가 발생한다. 이 작은 물방울은 떠다닐 수 있지만, 바람이 불지 않거나 기온이 이슬점 이하로 내려가면 아래로 떨어진다. 이때 안개는 사라지지만, 지표면이 젖어서 서리가 내리면 미끄러워진다. 복사안개는 야간 복사가 오랫동안 계속될 수 있는 가을과 겨울에 주로 나타난다.

다른 곳에서 발생하여 기류와 함께 이동해온 안개는 '이류안개(advective fog)'다. 따뜻하고 습기가 있는 공기가 차가운 표면 위로 이동할 때 이류안개가 발생한다. 찬 표면이 바다일 경우 '해무'라고 부른다.

인간이 발생시키는 '불꽃놀이안개'도 있다. 불꽃놀이를 할 때 여분의 응결핵을 공기 중으로 날려 보내므로 기존에 있던 수증기가 더 빨리 들러붙어 작은 물방울로 응결할 수 있다. 물론 그 선제조건은 공기가 이미 충분한 습기를 머금고 있을 때다.

안개는 다음과 같은 방법으로 사라질 수 있다.

- 태양열(지표면 가열을 통해).
- 바람 유입(습한 공기층이 안개 위의 건조한 공기층과 섞일 경우).
- 더 건조한 공기 유입(작은 물방울이 증발).
- 비 또는 눈(안개가 끼고 기온이 영하 4도 아래일 경우).
- 상층부 구름이 내려올 때(안개 꼭대기가 더는 냉각되지 않아 서서히 사라짐).

◀ 일출 때 나타나는 짙은 안개는 화창한 날을 예고한다(위). 공기가 냉각되는 동안 공기 중 수분이 거미줄 같은 물체 위에서 응결한다(아래).

해무와 하천안개 그리고 백색요정

해무

이류안개의 다른 형태가 해무다. 해무는 바다 위에서 발생해 바람을 타고 해변으로 밀려오는 안개다. 해무가 밀려오면 화창한 여름 해변이 춥고 구름 낀 날씨로 갑자기 바뀌게 된다. 지표면과 해수면 사이의 상호 작용에 따른 대기 해양 효과 때문이다. 지표면은 태양빛에 데워지고, 데워진 공기는 상승한다. 데워진 공기가 차가운 바다 표면에 닿아 안개가 되면 그 안개가 다시 해변으로 빨려 들어간다. 해무가 발생하면 가시거리가 줄어들 뿐 아니라 기온도 급격히 낮아진다. 안개가 밀려오고 짧은 시간 동안 10~15도까지 내려갈 수 있다. 수영복을 입은 채 몸을 덜덜 떨고 있는 자신을 발견하게 될 것이다.

하천안개

물이 공기보다 5~15도 더 따뜻하고 충분한 수분을 품고 있을 때 수로나 목초지에서 김이 올라오는 모습을 볼 수 있다. 주로 낮에 그렇지만 밤에도 생길 수 있다. 바람은 중요하지 않다. 기온 차가 클수록 올라오는 김이 장관을 펼쳐낸다. 하천안개는 가을에 자주 볼 수 있는데, 물은 아직 따뜻한데 찬 공기가 유입될 때다. 찬 공기가 좀 더 무

겁기에 저지대에서 안개가 자욱한 모습을 볼 수 있다.

백색요정

네덜란드에서는 짙은 안개를 '백색요정(Witte wieven)'라고도 부른다. 백색요정이라는 이름은 말 그대로 흰옷을 입은 요정 같아서다. 어쩌면 요정이 아닌 유령일지도. 어쨌든 이 백색요정은 작은 언덕이나 산에 살고 있다. 밤이 되면 천천히 공중에 떠올라 덤불 위나 숲속에서 춤을 춘다. 어떤 전설에 따르면 백색요정은 덤불과 습지대에 하얀 안개 형상으로 출현하는 요정들이다. 사람들을 유혹해 따라오게 해놓고 유유히 사라진다.

안개등

요즘에는 자동차 안개등 덕분에 사고 위험이 줄었지만, 그래도 안개는 차량 운전을 방해한다. 안개등이 도움을 주지만, 안개등을 사용할 때 지켜야 하는 규칙도 있다.

- 전방 안개등: 상대 차선의 시야를 방해하므로 가시거리 200m 이내에서만 사용한다.
- 후방 안개등: 뒤에 오는 차량의 시야를 방해하기에 가시거리 50m 이내에서만 사용한다.

▶ 갯벌 위로 몰려오는 해무.

공기방울과 열기구

대류

공기는 늘 수평 방향과 수직 방향으로 움직인다. 공기방울을 상승하게 만드는 원인은 태양이다. 태양이 지표면을 데우면 공기도 데워지기 때문이다. 따뜻한 공기는 공기방울 형태로 상승한다. 이를 '대류 현상'이라고 부른다. 라디에이터, 스토브, 벽난로에서도 같은 일이 일어난다. 수증기가 상층 공기로 올라가 응결하면 작은 물방울이 생기면서 구름이 만들어진다. 물론 구름을 형성하지 않을 수도 있다. 그래도 있다. 지표면을 보면 구분할 수 있다. 색깔 차이와 습도가 중요하다. 밝은 색깔은 어두운 색깔보다 태양열을 덜 흡수하고, 마른 지표면은 젖은 지표면보다 더 빨리 데워진다. 강력한 상승 기류는 건조하고 어두운 지표면 위에서 발생한다. 상승하는 공기방울 가장자리와 가볍고 젖은 지표면 위에서는 공기가 하강한다. 지표면이 너무 건조하고 뜨거우면 회오리가 발생할 수도 있다. 상승하는 공기가 회전하기 시작하면 이른바 '먼지 악마(dust devil)'가 나타난다. 토네이도(tornado)와는 다르다(자세한 내용은 102쪽 참조).

새와 곤충 그리고 글라이더 조종사는 상승하는 공기를 잘 이용한다. 대류를 타고 위로 솟았다가 하강 기류를 타고 다시 내려온다.

공중 항해

열기구도 대류를 이용한다. 열기구의 공기를 가스버너로 가열한다. 그러면 열기구가 주변 공기보다 가벼워져서 상승하게 된다. 하강하고 싶으면 열기구의 공기를 식힌다. 그렇게 바람이 유리한 공기층(바람이 부는 공기층)을 향해 조종할 수 있다. 고도에 따라 다른 방향에서 바람이 불어오기도 한다.

열기구는 낮에는 거의 볼 수 없고 일출 직후나 일몰 직전에만 볼 수 있다. 왜 그럴까? 대기권 구조 때문에 그렇다. 햇빛의 강도가 강할수록 난기류가 심해진다. 열기구의 윗부분이 아래의 바구니보다 훨씬 더 많은 바람을 받게 되면 조종하기 어렵다.

상승하는 따뜻한 공기가 진동하는 모습을 가끔 볼 수 있는데, 아스팔트처럼 매우 뜨겁게 데워지는 지표면 위에서 주로 발견할 수 있다. 육안으로도 상승하는 공기의 작은 회오리를 볼 수 있다. 뜨거운 공기의 작은 공기방울은 위에서 내려오는 찬 공기로 대체된다. 무더운 날에는 신기루를 관찰할 수 있을 정도다(108쪽 참조).

◀ 일몰 직전의 잔잔한 날씨에 열기구와 패러글라이더가 창공을 가르고 있다.

계절의 변화

여름이 겨울보다 더 따뜻하다는 사실은 누구나 알고 있다. 그런데 계절이 바뀌는 정확한 이유에 관해서는 꽤 많은 이들이 오해한다. 대부분 사람은 지구가 12월과 1월보다 6월과 7월에 태양에 좀 더 가까이 있다고 생각하지만 사실은 그렇지 않다.

태양 주위를 도는 지구의 공전궤도가 완전한 원형이 아니기 때문이다. 지구와 태양 사이의 거리는 1억 4,710만 ~1억 5,210만 킬로미터로 약간 차이가 있다. 지구가 태양과 가장 가까워지는 근일점은 1월 초이며, 가장 멀어지는 원일점은 7월 초다.

그렇다고 지구와 태양의 거리 차이가 계절이 바뀌는 원인은 아니다. 만약 그렇다면 지구상 모든 곳이 동시에 여름이어야 하고 겨울이어야 하기 때문이다. 알다시피 북반구의 계절과 남반구의 계절은 정반대다. 네덜란드가 겨울이면 오스트레일리아는 여름이다.

계절은 기울어진 자전축으로 생긴다. 지구는 약 23도 정

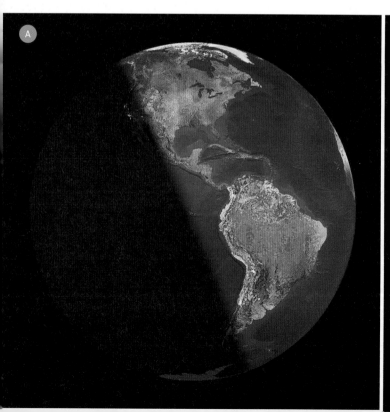

도 비스듬히 기울어져 있다. 학교 교실이나 문구점 진열장에 있는 지구본을 보자. 6월에는 북반구가 태양을 향해 있어서 남반구는 빛을 덜 받는다. 12월에는 그 반대다.

겨울이 오면 태양은 하늘에서 좀 더 낮은 곳에 떠 있고 햇빛은 훨씬 더 작은 각도로 지표면에 닿는다. 그로 인해 지표면이 덜 데워진다. 밤에 스마트폰 플래시로 벽을 비춰보자. 수직으로 비추면 빛이 작은 각도로 들어올 때보다 광점이 훨씬 더 밝다.

북반구에서는 6월 20일경 태양의 고도가 한낮에 가장 높다. 그때가 천문학적 여름이 공식적으로 시작되는 시점이다. 천문학적 겨울은 12월 22일경에 시작된다. 육지와 바다가 다시 데워지고 다시 냉각되는(식는) 시간이 필요하므로, 7월과 8월이 가장 따뜻하고 1월과 2월이 가장 춥다. 그래서 기상학적으로는 6월, 7월, 8월을 통틀어 여름이라고 부른다. 기상학적 겨울은 12월, 1월, 2월이다.

▼ 6월 20일경(A와 B) 태양은 지구의 북반구를 중점적으로 비추고, 12월 22일경(C와 D)에는 남반구를 비춘다. 두 날짜 모두 태양의 방향에서 바라본 지구의 모습과 함께 우리 행성의 옆모습을 보여주고 있다.

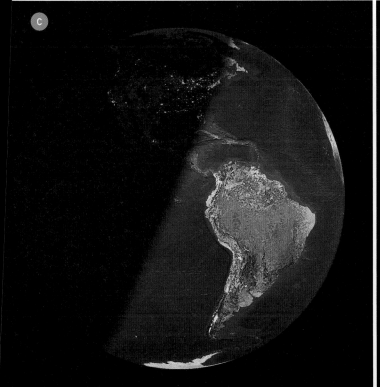

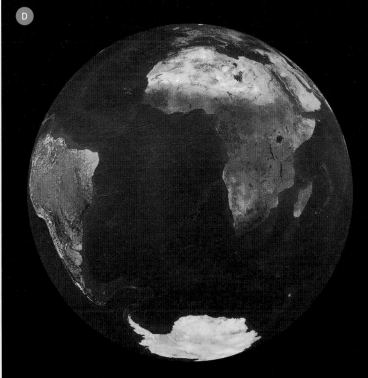

태양과 시계

12월 21일 또는 22일은 1년 중 낮의 길이가 가장 짧은 날이다. 그날 이후부터 다시 낮의 길이가 길어지기 시작한다. 흥미로운 점은 그 사실을 특히 저녁에 잘 알아차린다는 것이다. 한 해가 바뀔 때쯤 7분 늦게 해가 진다. 1월 중순에는 그 차이가 거의 30분이나 된다. 하지만 아침에는 그다지 많은 일이 일어나지 않는다. 1월 초가 돼서야 우리는 해가 뜰 무렵 약간의 추가 일광을 받을 수 있다.

꼼꼼히 주의를 기울이면 12월 중순에 이미 가장 빠른 일몰이 있고 연말쯤 가장 늦은 일출이 있다는 것을 알 수 있다. 물론 12월 21일이나 22일이 낮의 길이가 가장 짧은 날이지만, 짧아지고 길어지는 것이 깔끔하게 대칭을 이루지는 않는다.

이 비대칭성은 지구의 공전궤도가 완전한 원이 아니라 타원이라서 발생하는 현상이다. 더욱이 지구는 자전축이 약간 기울어져 있다. 그 결과 태양은 종종 별들 사이를 평균 속도보다 약간 빠르게, 때로는 약간 느리게 움직인다. 태양이 시계보다 약간 빨리 가기도 하고 약간 느리게 가기도 한다고 말할 수도 있다. 그러나 지구는 1년 내내 같은 속도로 자전하고 공전한다.

태양이 한낮에 남쪽 지평선 위 가장 높은 위치에 도달하는 자오선 통과 때의 시각이 지역마다 조금씩 다르다. 네덜란드 중부의 경우 평균 오후 12시 40분에 일어난다. 정확히 정오에 일어나지 않는 이유는 네덜란드 시계가 중부 유럽 표준시로 표시되기 때문이다. 그런데 실제로 자오선 통과 시각은 그 평균에서 상당히 벗어날 수 있다. 왜냐하면 2월 11일경 태양은 14분 늦게(오후 12시 54분) 남쪽에 위치하기 때문이다. 그리고 11월 3일경 거의 17분 일찍(오후 12시 23분) 최고점에 있다.

지구의 타원형 공전궤도와 기운 자전축으로 발생하는 시태양시와 평균태양시의 '균시차'는 해시계에서 쉽게 찾을 수 있다. 해시계는 늘 실제 현지의 시태양시를 나타낸다. 평균태양시를 읽으려면 요일별로 약간씩 보정을 해야 한다.

서머타임

네덜란드 중부의 경우 태양은 평균 오후 12시 40분에 남쪽에 위치한다. 하지만 서머타임을 시행하는 3월 마지막 일요일과 10월 마지막 일요일 사이에는 오후 1시 40분이 돼서야 남쪽 가장 높은 지점에 도달한다.

◀ 연중 같은 시각(예를 들어 아침)에 태양을 촬영한다면, 계절의 영향(태양은 겨울보다 여름에 높은 곳에 위치)뿐 아니라 균시차의 영향도 받게 된다. 태양은 시계보다 약간 빠르기도 하고 때로는 약간 늦기도 한다.

태양의 얼룩과 점

태양은 이글거리는 가스로 불타는 거대한 구체다. 표면 온도가 약 5,500도에 이르기에, 태양이 눈이 부시도록 밝은 것은 전혀 놀라운 일이 아니다. 태양을 직접 바라보면 망막 손상을 입을 수 있다. 특히 망원경으로 태양을 관찰하려면 특수 필터를 장착해야 한다.

17세기 초 이탈리아의 천문학자 갈릴레오 갈릴레이는 자체 제작한 필터 없는 망원경으로 태양을 관찰하다가 말년에 이르러 눈이 멀었다. 당시 그는 태양 표면에 검은 얼룩이 규칙적으로 나타나는 특이한 현상을 발견했다. 지금 우리가 아는 이 '태양흑점'은 강한 자기장 때문에 온도가 평균보다 수천 도나 낮은 지역이다. 낮은 온도로 나머지 부분에 비해 어둡게 보일 뿐이지 여전히 뜨겁다.

태양흑점 개수가 늘 똑같이 많은 것도 아니다. 어떤 때는 크고 작은 흑점 수십 개가 동시에 나타나기도 하고 때로는 하나도 없을 때도 있다. 태양흑점 활동 주기는 약 11년이다. 최근 몇 년 동안에는 거의 관측되지 않았기에, 다음 태양흑점이 많아지는 시점은 2024년 또는 2025년으로 예상된다. 참고로 태양 활동 극대기에는 표면에서 더 많은 폭발이 일어나기 때문에 지구는 보통 때보다 더 많은 태양 에너지를 받는다.

아주 가끔은 태양 표면에서 공처럼 둥근 모양의 아주 검은 점을 볼 수 있는데, 이 점은 몇 시간에 걸쳐 동쪽에서 서쪽으로(왼쪽에서 오른쪽으로) 이동한다. 이는 태양흑점이 아니라 수성이나 금성이다. 태양 앞을 지나갈 때 그렇게 보이는 것이다. 이와 같은 '통과(transit)' 현상은 드물게 나타난다. 금성의 마지막 일면 통과는 2004년과 2012년에 일어났다. 다음은 2117년과 2125년이라 아무래도 우리는 못 볼 것 같다. 수성의 일면 통과는 금성보다 먼저여서 볼 수 있을지 모른다. 2032년, 2039년, 2049년에 일어날 것으로 예상한다.

어떤 태양흑점은 지구보다 몇 배나 더 크다. 이때는 망원경 없이도 볼 수 있다. 눈을 보호해주는 일식 관측용 안경을 사용하면 된다. 추억의 바늘구멍 사진기를 만들어 관측해보는 것도 재미있다.

태양계 외 행성

수성이나 금성의 일면 통과 때 태양빛 일부가 가려져 점으로 나타난다. 천문학자들은 이 같은 방법을 이용해 다른 항성 주위를 도는 이른바 '외계행성'을 수천 개 발견했다. 거대 망원경으로 항성을 관측하다 보면 행성이 별 앞을 지나갈 때 광점이 평소보다 아주 조금 더 흐려진다.

▶ 태양 중심 왼쪽 아래 검은 점이 수성이다.

해를 먹는 달

'일식(日蝕, solar eclipse)', 그중에서도 달이 태양을 완전히 가리는 '개기일식'은 인상적인 천체 현상이다. 하지만 아쉽게도 우리가 일식을 다시 보려면 오래 기다려야 한다. 더욱이 개기일식은 '개기일식 통과선'이라 부르는 지구 표면상의 좁은 지역에서만 관측할 수 있다. 네덜란드의 경우 2135년 10월 7일까지 기다려야 개기일식을 볼수 있다.

개기일식은 달이 신월(朔)일 때만 일어날 수 있는데, 이때 달의 그림자가 지구 표면을 빠른 속도로 지나가게 되고, 정확한 시간 정확한 장소에 있는 사람들은 그곳에서 이 경이로운 천체 현상을 목격할 수 있다.

그런데 신월 때마다 일식이 일어나지 않는 까닭은 달의 공전궤도가 약간 비스듬히 기울어져 있기 때문이다. 그 때문에 지구에서 볼 때 신월은 태양의 위나 아래를 지나간다. 그렇다고 개기일식이 매우 드물게 일어나는 일은 아니다. 지구의 특정 지역이 아니면 볼 수 없을 뿐이다. 10년에 약 일곱 번 정도 관측할 수 있다. 다음 개기일식은 2023년 4월 20일 인도네시아, 2024년 4월 8일 미국과 멕시코, 2026년 8월 12일 아이슬란드 서부와 스페인 북부에서 볼 수 있다. 무슨 일이 있어도 개기일식을 보고 싶다면 때맞춰 그 지역으로 여행을 떠나야 할 것이다.

물론 그럴 만한 충분한 가치가 있다. 한낮인데도 몇 분 동안 어둠이 깔리고, 태양 주위에서 은백색의 빛을 내며 뻗어 나가는 '코로나(corona)'가 장관이다. 낮에는 보이지 않던 별도 보인다. 모든 자연이 개기일식에 반응한다. 꽃은 꽃잎을 닫고 새는 둥지로 돌아간다. 온 세상이 우주의 마법 같은 현상에 빠져든다.

부분일식은 개기일식 통과선 양쪽의 훨씬 더 넓은 지역에서 관측할 수 있다. 그 또한 신비롭지만, 개기일식만큼 경이롭지는 않다.

태양이 반지(고리) 모양으로 가려지는 '금환일식'도 있다. 달이 상대적으로 지구에서 멀리 떨어져 있을 때 발생한다. 이때는 달이 태양을 완전히 가리지 못해 일식이 절정을 이루는 동안 반지 모양의 빛이 남게 된다.

아인슈타인 일식

1919년 5월, 개기일식이 일어나는 동안 또 다른 관측이 이뤄졌다. 알베르트 아인슈타인의 '상대성 이론'을 증명하기 위함이었다. 그 결과 아인슈타인의 주장처럼 빛도 중력에 의해 아주 약간 휘어진다는 사실이 밝혀졌다.

◀ 개기일식이 일어나는 동안 태양의 밝은 표면이 달에 가려져 코로나가 드러난다.

틈새빛살

구름이 만들어내는 '틈새빛살(crepuscular rays)'은 위 또는 아래로 퍼져나가는데, 마치 한 점에서 나오는 것처럼 보인다. 실제로는 평행하지만 원근 효과로 그렇게 보이는 것이다. 그 점은 구름 뒤에 있을 수도 있고 지평선 아래에 있을 수도 있다. 틈새빛살은 형태에 따라 '부챗살빛', '거꾸로 부챗살빛', '야곱의 사다리', '태양의 하프'라고 부른다.

척 멋지다. 그야말로 '빛나는 구름'이다.

때로는 빛나는 구름과 함께 구름 주변의 은색 가장자리를 볼 수 있다. 태양은 구름 뒤에 있고 바깥쪽 가장자리는 여전히 환한 불을 밝히고 있다. "모든 구름의 뒤편은 은빛 자락으로 빛난다"는 프랑스 속담이 떠오른다. 비록 지금 상황은 암울해 보이지만 그 이면은 반드시 긍정적이라는 의미로 쓰인다.

부챗살빛

태양이 구름 뒤에 있거나 지평선 아래에 있을 때 보이는 틈새빛살은 부챗살 모양이라서 '부챗살빛'이라고 부른다. 네덜란드에서는 그 빛을 박명 때만 볼 수 있는 게 아닌데도 '박명의 빛'이라고 부른다. 진짜 황혼의 빛은 주황색을 띠는데, 박명 때 햇빛이 대기를 통과하는 거리가 멀어지기 때문에 햇빛의 파란색과 녹색 부분은 산란한다(79쪽 참조).

'부챗살빛'은 거의 모든 구름에서 볼 수 있다. 적운 주변에서도 발생할 수 있다. 그때 햇살은 보통 흰색과 회색이 번갈아가며 나타나는데, 어두운 회색빛은 구름이 만든 그림자다. 햇빛이 구름 사방으로 퍼져나가는 모습이 무

거꾸로 부챗살빛

부챗살빛은 태양 방향으로 바라볼 때 볼 수 있지만, 낮게 떠 있는 태양을 등지고 서 있으면 수평선 너머에서 반대 방향으로 뻗어 나가는 부챗살빛도 볼 수 있다. 사실 이 부챗살빛은 태양 쪽 햇빛이 하늘 반대편의 원근 효과 때문에 다시 하나로 합쳐지는 것처럼 보이는 것이다. 이 '거꾸로 부챗살빛'이 나오려면 수많은 물방울과 먼지 입자가 공기에 포함돼 있어야 한다.

거꾸로 부챗살빛은 보통의 부챗살빛보다 눈에 덜 띄기 때문에 잘 살펴봐야 한다. 거꾸로 부챗살빛은 일출 무렵 반대편인 서쪽에서 볼 수 있으며, 일몰 무렵에는 동쪽에서 볼 수 있다.

▶ 적운 뒤 태양이 부챗살빛을 연출했다(위). 무지개와 거꾸로 부챗살빛의 멋진 하모니(아래).

또 다른 틈새빛살

틈새빛살은 실제로는 평행하지만 원근 효과로 인해 햇빛이 퍼져나가는 것처럼 보인다. 이미 우리는 일상생활에서도 이런 효과를 많이 접한다. 한 점으로 모이는 것 같지만 실제로는 끝까지 폭이 같은 기차선로를 떠올려보자. 틈새빛살도 그렇다.

야곱의 사다리

구름층을 뚫고 아래로 내려오는 것처럼 보이는 틈새빛살이 있다. 폭이 좁은 하나의 빛줄기일 수도 있고, 여러 개가 더 넓게 퍼져나갈 수도 있다. 이른바 이 '야곱의 사다리'는 부챗살빛의 변종이다. 구름층 뒤에 숨어 있는 태양의 빛줄기가 구름 아래로만 비친 모양이 무대를 비추는 극장의 스포트라이트 같다. 야곱의 사다리는 구름층의 두께 변화로 발생한다. 햇빛은 구름층의 얇은 부분이나 구멍만 통과하므로 이런 빛줄기가 나오게 된다.

야곱의 사다리는 성서에 나오는 이야기에서 비롯된 이름이다. 야곱이 잠을 자다 꿈속에서 하늘까지 닿는 사다리를 봤는데, 천사들이 그 사다리를 오르락내리락하고 있었다는 이야기다. 하지만 여러분은 야곱의 사다리를 보려고 꿈까지 꿀 필요는 없다. 구름층이 너무 두껍지 않은 날이면 자주 야곱의 사다리를 볼 수 있기 때문이다. 구름층에 작은 틈이 생기자마자 햇빛이 뚫고 나와 야곱의 사다리가 된다.

예상 날씨: 건조함. 구름이 두껍지 않고 한데 뭉쳐 있지 않아서 강수 확률이 매우 낮다.

태양의 하프

습기가 많은 숲에서 이른 아침에 관찰할 수 있는 틈새빛살을 '태양의 하프'라고 부른다. 말 그대로 햇빛이 만들어낸 하프다. 가을은 대기 속에 빛을 산란시킬 만큼 충분한 수분을 머금고 있어서 태양의 하프를 감상하기에 알맞은 계절이다.

모든 틈새빛살에서 태양의 빛줄기는 그림자가 충분한 환경에서 틈새가 생길 때 발산한다. 틈새는 구름뿐 아니라 습한 숲속의 나무나 낙엽 더미로도 생길 수 있다. 건물이나 산줄기 주변을 아름답게 장식하기도 한다.

예상 날씨: 화창함. 청명한 날의 햇빛은 숲을 아름답게 물들인다. 바람이 거의 없고 구름도 많지 않다. 활동하기에 가장 좋은 날이다.

◀ 야곱의 사다리는 구름층에 난 틈새를 뚫고 나오는 스포트라이트다.

광학적 사치

대기

우리가 관찰하는 햇빛은 엷은 대기층을 통과하며 여행하는데, 여행 도중 온갖 장애물과 마주친다. 때로는 장애물이 너무 많아서 햇빛이 겨우 지표면에 도달할 때도 있다. 그렇지만 그 덕분에 아름다운 광학 현상을 볼 수 있다.

햇빛이 어떻게 다채로운 색깔로 변하는지 이해하려면 빛이 무엇인지 알아야 한다. 작은 입자(광자)로 구성된 빛은 파동처럼 이동하고 에너지를 방출한다. 그런데 태양광선은 다양한 방식으로 방해를 받을 수 있다.

- 반사(햇빛이 반사된 달빛을 생각해보자).
- 굴절(유리컵에 담긴 빨대가 꺾여 보이는 현상처럼 빛이 물보다 공기 중에서 빠르게 이동해 일어나는 효과).
- 산란(빛은 공기 분자와 같은 작은 입자와 상호 작용해 사방으로 흩어진다).
- 회절(햇빛의 파동이 장애물 뒤로 휘어 돌아가는 현상).

이런 메커니즘을 통해 대기에서 다양한 광학 효과가 일어난다. 가장 흔한 광학 현상은 대기 중의 물방울이나 얼음 결정으로 발생한다.

빛은 무지개 색깔

햇빛은 희게 보여도 실제로는 무지개 색깔처럼 다양한 색을 가졌다. 이처럼 우리가 눈으로 식별할 수 있는 가시광선 말고도 적외선이나 자외선 같은 빛이 있지만, 우리 눈에 보이지 않으니 여기서는 넘어가자.

태양이 방출하는 빛은 모두 파동을 통해 앞으로 나아간다. 모든 태양광선이 전자기 스펙트럼을 형성한다. 가시광선의 경우 색깔마다 파장이 약간 다르다. 각각의 색깔은 서로 다른 효과와 더불어 약간씩 다르게 대기를 통과한다. 이를테면 청색광은 적색광보다 파장이 약간 짧아 공기 중의 입자와 다르게 반응한다.

햇빛이 공기에서 물로 이동할 때 빛은 경계면에서 방향을 약간 바꾼다. 빛줄기가 빗방울 가장자리에 닿으면 직선으로 나아가지 않고 약간 꺾인다. 즉, '굴절'한다.

청색광은 적색광보다 약간 더 굴절한다. 그 때문에 태양광선은 여러 색깔로 나뉘어 한쪽은 빨간색, 가운데는 노란색, 다른 한쪽은 파란색을 띠게 된다. 그리고 햇빛은 거울에 반사되듯 물방울이나 얼음 결정 뒷면에서 반사된다.

그런 뒤 다시 물이나 얼음과 공기 사이의 경계면으로 돌
아온다. 그 경계면을 통과할 때 각각의 빛은 또다시 굴절
한다. 그래서 햇빛의 가시광선은 빨강, 주황, 노랑, 초록,
파랑, 남색, 보라색의 무지개 색깔로 분리돼 스펙트럼에
나타난다.

▲ 무지개는 항상 관찰자와 함께 움직이므로 무지개 끝의 금빛 항아리는 한 번도 발견된 적이 없다(위).
  과잉 무지개의 경우 빛이 여러 번 굴절·반사돼 무지개 내부에 색 띠를 형성한다(아래).

하늘의 색깔

하늘은 왜 파란색

우리는 우주 공간이 검다는 사실을 알고 있다. 그런데도 하늘을 보면 파랗다. 햇빛이 대기를 통과할 때 산란하기 때문이다. 지구의 대기는 수많은 분자, 주로 질소와 산소를 포함하고 있다. 이런 분자가 햇빛을 산란시키고 사방으로 흩뜨린다. 각각의 가시광선은 고유한 파장을 갖고 있어서 어떤 색깔은 다른 색깔보다 더 많이 산란한다. 그 중 파장이 짧은 청색광은 산란이 잘 일어나 사방으로 훨씬 잘 퍼진다. 그래서 하늘은 파란색을 띠게 된다.

공기 중에 물방울, 수증기, 얼음 결정, 먼지 등 더 큰 입자가 많을수록 다른 색깔이 더 심하게 산란하고 뒤섞여 공기는 더욱 희게 된다. 반대로 공기가 깨끗할수록 푸른빛이 짙어진다.

> **예상 날씨:** 일광화상 조심. 공기가 깨끗하면 자외선 또한 지표면에 더 쉽게 도달한다. 겨울 하늘이 더 짙은 푸른색을 띠기도 하는데, 추운 날씨만 생각하고 자외선을 망각했다가는 큰코다친다.

아침놀과 저녁놀

한낮에는 하늘이 파랗지만, 일출과 일몰 무렵에는 노란색, 주황색, 빨간색이 두드러진다. 태양이 낮게 떠 있을 때는 햇빛이 우리 눈에 도달하기 전 대기를 통과하는 거리가 더 길어진다. 그로 인해 파장이 긴 다른 색깔의 빛도 그만큼 더 많이 산란한다. 가장 산란이 잘되는 청색광은 이미 산란해 사라진다. 파장이 긴 붉은 계열만 대기를 통과해 산란하므로 노을이 빨갛게 보이는 것이다.

공기 중에 햇빛을 더 많이 산란시키는 입자가 있으면 하늘은 더 붉다. 예를 들어 연기 입자나 화산재 입자 또는 바람에 실려 온 사하라 사막의 모래 입자 같은 것들이다. 그런데 하늘색을 붉게 만드는 주된 입자는 때때로 아침과 저녁이 서로 다르다. 속담에서 단서를 찾을 수 있다.

- 저녁놀은 뱃사람을 즐겁게 한다(날이 맑을 징조).
- 아침놀은 뱃사람을 슬프게 한다(비가 올 징조).

공기는 아침보다 저녁에 더 많은 먼지 입자를 머금기도 한다. 아침에 더 많은 산란을 일으키는 입자는 수증기다. 따라서 아침놀이 기상 악화의 징후일 수 있지만, 아닌 경우가 더 많다.

> **예상 날씨:** 맑거나, 흐리거나, 비가 내리거나. 속담을 너무 믿지 말자.

◀ 일몰 때의 멋진 색채.

그레이의 50가지 그림자

회색 구름

구름이라고 다 똑같은 흰색과 회색은 아니다. 많게는 50가지 회색빛을 띤다. 구름이 흰색을 더 띠는지 회색을 더 띠는지는 물방울이나 얼음 결정을 비추는 햇빛의 양에 따라 다르다. 빛이 더 많이 차단될수록 회색빛이 더 어두워진다. 뭉게구름(적운)의 바닥 면이 언제나 위쪽보다 더 어두운 이유다. 구름 색깔이 시커멓다면 햇빛이 구름을 거의 통과하지 못한다는 뜻이다. 물방울이나 얼음 결정이 많기 때문이다. 결국 비나 눈이 내릴 것이다. 구름이 어두우면 어두울수록 강한 비나 눈 또는 우박이 떨어질 가능성이 높다.

계속 성장하고 있는 봉우리적운(콜리플라워구름)의 측면을 보면 때때로 반짝이는 흰색과 회색 구름 덩어리가 뒤엉켜 어우러져 있는 모습을 볼 수 있다. 그래서 '콜리플라워(꽃양배추)'다.

가장 웅장한 회색빛은 앞서 살핀 거친물결모양구름에서 볼 수 있다. 햇빛이 구름층 모든 곳을 똑같이 통과하지 못해서 물결치는 바다 윤곽이 멋지게 두드러진다.

▶ 물방울의 입체감. 어두운 배경에서는 더 밝게 보이고 밝은 배경에서는 더 어둡게 보인다. 어떤 물방울은 배경이 거꾸로 비친다.

녹색 구름

구름이 흰색이나 회색뿐 아니라 불길한 기운의 녹색을 띨 때도 있다. 특히 여름철 심한 뇌우가 발생할 때 그렇다. 녹색을 띠는 까닭은 소나기 속 우박과 관련이 있다. 하지만 아직 명확한 원인에 관해서는 과학자들 사이에 의견이 일치하지 않는다.

어쨌든 녹색 구름은 뇌우 속 많은 양의 비나 눈 또는 우박으로 형성될 수 있다. 우박을 동반한 뇌우는 하루 중 늦은 시간에 발생한다. 태양이 낮게 떠 있을 때 녹색이 우리 눈에 가장 쉽게 들어오는 방식으로 산란할 수 있다.

> **예상 날씨:** 때때로 녹색 구름은 돌풍과 우박을 동반한 심한 뇌우를 예고하기도 한다.

주황색 구름과 보라색 구름

어떤 때는 날씨가 흐린 날 밤에 구름이 주황색이나 보라색을 띠기도 한다. 주변 지역의 큰 광원을 반사한 결과이며 햇빛과는 관련이 없다. 때로는 아주 먼 곳의 광원을 반사하기도 해서, 얼핏 이런 빛깔의 구름이 보이는 이유가 지면에 있는 광원 때문이라는 사실을 눈치채지 못하고 신기하다고만 여기게 된다.

◀ 우박을 동반한 폭풍이 다가올 때 이따금 구름은 위협적인 녹색으로 변한다(왼쪽 위). 온실에서 사용하는 주황색 또는 보라색 조명도 구름을 밝힐 수 있다(왼쪽 아래). 에펠탑을 장식한 밝은 조명으로 구름이 빛나기도 한다(오른쪽).

일곱 빛깔 무지개

무지개는 공기 중에 물방울이 떠다니고 우리가 태양을 등지고 있는 경우에만 볼 수 있다(밤에 보름달을 등지고 있을 때 희미한 무지개가 나타나기도 한다). 무지개는 항상 태양의 정반대 편에 형성된다. 정원의 스프링클러나 분수대 또는 폭포에서 튀어나온 물방울도 무지개를 만들어낸다. 날카로운 유리 조각에 햇빛이 비칠 때도 무지개 색깔을 볼 수 있다. 모두 태양광선이 각기 다른 색상으로 분리되는 프리즘 효과로 인한 것이다.

프리즘 효과는 어떻게 작동할까? 가시광선은 파장이 약간씩 다른 다양한 색으로 구성돼 있다. 햇빛이 공기 중에서 물속으로 또는 그 반대로 나아갈 때 각각의 파장은 다르게 굴절한다. 그때 햇빛은 무지개 색깔로 분리된다. 물방울이 클수록 프리즘 효과가 커지고 색깔도 확연해진다.

무지개의 호 안쪽에서는 파란색을, 바깥쪽에서는 빨간색을 볼 수 있다. 가끔은 무지개 바깥쪽에서 희미한 두 번째 호가 보이기도 한다. 그때는 색깔이 반전된다(호 안쪽은 빨간색, 바깥쪽은 파란색). 이를 '2차 무지개'라고 부른다. 빛이 물방울의 뒷면에 한 번 반사되지 않고 두 번 반사되기 때문에 발생한다. 매끄러운 수면 위에 떠 있는 무지개의 경

우, 무지개가 다시 물 밖으로 나올 것 같은 또 다른 반사를 보여주기도 한다.

예상 날씨: 비. 바람이 불어오는 방향에서 무지개가 보인다면 실내로 들어가자.

▲ 맨 위의 2차 무지개는 1차 무지개 안쪽의 밝은색이 반사돼 희미하다.

무지개 상식

- 태양이 낮게 떠 있을수록 더 큰 무지개가 발생한다.

- 지평선의 방해를 받지 않는 하늘에서는 완전한 원형 무지개를 볼 수 있다.

- 여름철 무지개가 보이지 않는 이유는, 태양은 높이 떠 있는 반면 무지개는 지평선 아래에 있기 때문이다. 태양이 낮게 뜨는 겨울에 무지개가 잘 보인다.

- 물방울이 클수록 무지개의 색깔이 더 진하고 호의 폭이 더 좁다.

- 물방울이 아주 작을 때, 즉 안개가 낄 때 나타나는 무지개는 '안개 무지개'다.

- 무지개가 흐려지는 것은 햇빛이 약해지거나, 물방울이 줄어들거나, 물방울이 아래로 떨어지고 있기 때문이다.

희귀한 무지개 테

그림자광륜

무지개의 변종 중 하나는 관찰자의 그림자 주위에 무지개 테가 나타나는 '그림자광륜'이다. 산봉우리와 같은 높은 고도에 있거나 열기구를 타고 있을 때 볼 수 있다. 태양을 등지고 반대 방향을 바라볼 때 산봉우리나 비행기 그림자 주위로 작은 무지갯빛 후광이 나타난다. 무지개와 마찬가지로 그림자광륜은 햇빛이 매우 작은 물방울(안개나 구름)을 비칠 때 생기는데, 이때 흰색 빛이 굴절되고 반사된다.

그림자광륜은 하나 이상의 폭이 좁고 희미한 색깔의 무지개 테로 이뤄져 있다. 관찰자의 그림자 주위가 밝고 안쪽으로는 파란색, 바깥쪽으로는 빨간색을 띤 둥근 테가 나타난다. 잘 발달한 그림자광륜의 경우 하나 이상의 파란색, 녹색, 빨간색을 띤 둥근 테를 바깥쪽에서 볼 수 있다. 둥근 테의 크기 또한 다양하다. 물방울 크기가 작을수록 그림자광륜은 더 커진다.

브로켄의 요괴

관찰자의 그림자가 구름이나 짙은 안개를 통해 투사돼 유령과 같은 그림자로 왜곡될 때 극적인 효과가 더욱 커질 수 있다. 이를 '브로켄의 요괴(Brocken spectre)'라고 부른다. 안개가 자주 발생하는 독일 북부의 브로켄 산에서 딴 이름이다. 우리도 이 요괴를 볼 수 있다. 안개가 약간 낀 날, 해가 지평선 바로 위에 떠 있을 때 높은 곳에 서서 바라보면 보인다.

안개 무지개

안개 무지개는 자주 나타나지는 않는다. 특수한 상황에서만 관찰할 수 있는 희미한 테다. 안개가 약간 낀 아침에 햇빛이 매우 작은 안개 물방울에 닿아 빛날 수 있다. 그때 희뿌연 호가 나타난다. 일반 무지개처럼 태양을 등지고 반대 방향을 바라봐야 한다.

안개 무지개도 가까이 다가갈수록 희미해진다. 무지개와 같은 방식으로 나타나지만 안개 무지개가 훨씬 작고 색깔도 더 엷다. 기껏해야 희뿌연 무지개색이다. 물방울 크기가 너무 작아서 그렇다.

그림자광륜과 브로켄의 요괴 그리고 안개 무지개를 동시에 볼 수 있다. 모두 같은 기상 조건에서 발생하기에 운이 좋으면 3종 세트를 한꺼번에 구경할 수도 있다.

▶ 브로켄의 요괴는 관찰자의 그림자 주위에 색을 띤 후광으로 나타난다(위). 네덜란드 과학 탐사대 SEES의 보트 앞으로 안개 무지개가 보인다(아래).

무지갯빛 구름

채운

무지개 빛깔을 띤 구름이나 무지개 한토막이 구름에 걸린 듯한 모습을 본 적이 있을 것이다. 이른바 '무지갯빛 구름'인데, 공식 명칭은 '채운(Iridescent clouds)'이다. 햇빛의 회절로 아름다운 파스텔 색조를 보여주는 얇은 구름이다. 비눗방울이나 강물에 기름이 유출됐을 때 볼 수 있는 무지갯빛을 띤다.

처음에는 무지갯빛으로 보이지만 자세히 살피면 분홍색, 노란색, 녹색, 보라색이 주를 이루는 파스텔 색조에 가깝다는 사실을 알 수 있다. 태양광선이 얇은 구름의 물방울이나 얼음 결정에 닿으면서 여러 번 회절하고 반사돼 나타나는 현상이다. 고적운과 UFO구름 등이 주로 채운이 된다.

채운은 진주 빛깔을 띠는 '진주운(Nacreous clouds)'과 같은 색조를 갖고 있지만 분명한 차이점이 있다. 진주운의 경우 15~25km 매우 높은 상공의 극도로 차가운 공기 속 얼음 결정이 지평선 아래에 떠 있는 태양에 의해 밝게 빛나는 것이다(116쪽 참조). 반면 채운은 태양이 하늘 높이 떠 있을 때 약 6km 고도의 중층운에서 나타난다. 달빛도 얇은 구름에서 채운을 만들어낼 수 있다. 일종의 '코로나'

다(154쪽 참조). 무리해도 무지갯빛 테를 만들어내지만 형성 방식은 다르다(90쪽 참조).

이미 알고 있겠지만 무지갯빛을 띠는 것들은 많이 있다. 일부 나비의 날개에서, 딱정벌레 껍질에서, 물고기 비늘에서, 새의 깃털에서도 무지개 빛깔을 볼 수 있다.

예상 날씨: 없음. 평온하다.

태양 조심

맨눈으로 태양을 바라보는 객기를 부리지 말자. 망막이 영구적으로 손상될 수 있다. 심지어 눈이 멀 수도 있다. 무지갯빛 구름과 햇무리(90쪽 참조)처럼 태양 부근의 현상을 관찰할 때는 늘 조심해야 한다. 선글라스가 약간 도움이 되고 무지갯빛도 더 잘 보이지만, 태양이 지붕이나 나무로 가려지는 것이 더 좋다. 한 손으로 태양을 가리면서 한쪽 눈으로만 보는 방법도 있다.

◀ 아름다운 무지갯빛 구름.

햇무리와 무리해

대기 상층에 있는 얼음 결정은 사진을 잘 받는 광학 현상의 원인이다. 무지개와 달리 태양 반대편에서 볼 수는 없고 태양 방향에서 더러 볼 수 있다. 햇빛과 얼음 결정의 광학적 협연이다.

햇무리

가장 유명하고 일반적인 현상은 '무리(halo)'다. 태양 주위에 생기는 테 모양의 후광이다. 태양이 상당히 높이 떠 있고 상층운인 권층운(털층구름)이 있을 때 볼 수 있다. 많은 색깔을 띠지는 않는다. 미세한 얼음 결정이 프리즘 역할을 해서 햇빛을 22도씩 굴절시키기에 '22도 무리'라고도 부른다.

무리해

태양과 같은 고도에서 햇무리의 한쪽 또는 양쪽에 태양의 허상, 즉 가짜 태양이 무지갯빛으로 나타나기도 한다. 이를 '무리해'라고 부른다. '선도그(sundog)'라는 재미있는 명칭도 있다. 태양 옆에서 해질 때까지 주인을 따라다닌다고 해서 붙은 이름이다.

무리해는 자주 보인다. 특히 겨울철 해가 낮게 떠 있는 이른 아침이나 늦은 오후에 볼 수 있다. 어떤 때는 한쪽 무리해가 다른쪽보다 훨씬 밝을 때도 있다. 무리해로 예상할 수 있는 날씨는 없다. 그저 하늘에 충분한 양의 얼음 알갱이가 있음을 보여줄 뿐이다. 하지만 구름층이 너무 두꺼워지면 무리해는 사라지고 날씨가 나빠질 가능성이 있다.

무리해 테

햇무리의 왼쪽과 오른쪽에 있는 무리해는 태양과 가까운 안쪽이 약간 더 붉으며, 때로는 바깥쪽으로 희미하고 희뿌연 원형의 테를 만든다. 이 테는 왼쪽 무리해를 통과해 태양을 거쳐 오른쪽 무리해로 연결된다. 이를 '무리해 테(parhelic circle)'라고도 한다. 완전한 원형보다는 작은 조각 원호를 더 자주 볼 수 있다.

호각

우리 머리 위 천구는 180도의 호각으로 나눌 수 있다. 90도 고도는 머리 바로 위의 지점인 천정이다. 45도는 지평선과 천정 사이의 가운데 고도다. 네덜란드 중부의 경우 여름 중 낮의 길이가 가장 긴 날을 전후로 태양은 지평선 위 61.5도의 최대 고도에 도달한다. 반면 겨울에는 낮이 가장 짧은 날을 전후로 해서 지평선 위 14.5도 위로는 뜨지 않는다.

▶ 태양 주변에 햇무리 또는 테가 나타나기도 한다(위). 높이 떠 있는 권층운에서 무지갯빛 구름과 무리해가 보인다(아래).

띠와 기둥

상단 접호

때때로 햇무리 위쪽으로 접호 모양의 띠가 형성되기도 한다. 이를 '상단 접호(upper tangent arc)'라고 부른다. 햇무리와 접하는 지점에서 상단 접호가 가장 많은 색깔을 띤다. 태양의 고도가 높아지면서 호의 모양은 바뀐다. 보통은 V자 모양이나 날아가는 새의 모양이다. 굉장히 운이 좋다면 상단 접호와 붙어 나타나는 희귀한 '패리호(Parry arc)'도 관찰할 수 있다.

접선호

태양에서 멀리 떨어진 지점에 제2의 햇무리를 발견할 수도 있다. 이를 '접선호(supralateral arc)'라고 한다. 이 햇무리는 햇빛이 22도보다 큰 46도 굴절해 만들어지기에 '46도 무리'라고도 부른다. 일반적인 햇무리인 22도 무리보다 훨씬 드물게 나타나며 무리해가 생기지 않는다.

천정호

혹시 높은 하늘에 거꾸로 된 무지개가 뜬 모습을 본 적이 있는지 모르겠다. 그것이 바로 '천정호(circumzenithal arc)'다. 색깔은 일반 무지개만큼 진하지만, 물방울로 형성되는 게 아니라 맑은 육각형 얼음 알갱이가 햇빛을 굴절시켜 만들어진다. 천정호는 우리 머리 바로 위 천구를 중심으로 생기는 원의 일부다. 그래서 언제나 원의 4분의 1만 보인다. 볼록한 면은 46도 무리(일반적으로 보이지는 않음)에 닿고 태양을 향한다. 호의 아래쪽은 빨간색이고 원의 안쪽인 호 위쪽은 보라색을 띤 파란색이다. 천정호는 태양이 지평선 위 32도보다 낮게 떠 있을 때 볼 수 있다. 가끔 2개의 무리호가 나타난다면 고개를 더 들어 무리해 위쪽을 살펴보자. 거꾸로 된 무지개를 발견할 수도 있다.

해기둥

태양이 매우 낮게 떠 있거나 관찰자가 매우 높은 곳에 있을 때, 태양의 위나 아래에 길게 늘어진 한줄기 빛기둥이 나타나기도 한다. '해기둥(sunpillar)'이라는 현상이다. 떠다니는 얼음 결정체가 작은 수평 거울처럼 햇빛을 반사할 때 발생한다. 햇빛의 굴절이 전혀 일어나지 않기 때문에 보통 이 빛기둥은 흰색을 띠지만, 일출과 일몰 때를 제외하면 주황색이나 붉은색을 띨 수도 있다.

때로는 해기둥과 함께 무리해 테도 볼 수 있다. 마치 빛의 십자가가 공중에 떠 있는 것 처럼 보인다.

▶ 거꾸로 매달린 무지개처럼 보이는 천정호.

빛의 축제

스위스 그라우뷘덴(Graubunden) 아로자(Arosa) 리조트의 얼음으로 덮인 경사면 위에서 수많은 광학 현상이 동시에 나타났다. 이 축제와 같은 일은 매우 드물게 벌어진다.

A. 46도 무리
B. 천정호
C. 패리호
D. 상단 접호
E. 22도 무리
F. 해기둥
G. 무리해
H. 무리해 테

바람과 감각

바람은 사실 공기의 움직임에 지나지 않다. 어느 한 곳의 기압이 더 높고(일정한 부피 속에 공기가 많은 곳) 다른 곳의 기압이 더 낮으면(공기가 적은 곳), 소동이 일어나기 시작한다. 기압 차가 크면 클수록 바람은 더 세게 분다. 이 현상은 주로 포르투갈 아조레스(Azores) 제도 상공 고기압 지역과 아이슬란드 상공 저기압 지역에서 발생한다. 따뜻한 경작지 상공의 상승 기류로 인한 낮은 압력과 하강 기류로 인한 차가운 물 위의 높은 압력으로도 일어날 수 있다. 지표면의 바람은 우리의 감각기관인 시각, 촉각, 후각, 청각, 미각을 자극한다.

시각

바람은 특별한 현상이기도 하다. 우리는 바람을 직접 보지 않고 간접적으로 본다. 바람이 미치는 영향만 사진에 담을 수 있을 뿐이다. 움직이는 구름, 회오리치는 눈송이나 나뭇잎, 휘어지는 나무, 흩어지는 연기, 움직이는 수면 등은 모두 바람이 작용한 결과다. 보퍼트(Beaufort) 풍력 계급은 이런 시각적 특성을 기초로 만들어졌다. 풍력 계급은 바람의 세기를 나타낸다. 네덜란드에서의 풍력 계급은 산들바람 수준인 평균 풍속 시속 3.8km의 육상이 3계급이고, 해안은 건들바람 수준인 평균 시속 20km로 4계급이다. 특별한 일이 없다면 일출 2~3시간 뒤에 바람이 가장 약하며, 태양이 최고도에 이르고 3~4시간 뒤에 바람이 가장 강하다.

촉각

우리는 바람을 직접 볼 수는 없지만 느낄 수는 있다. 아울러 바람은 우리가 온도를 어떻게 경험할지를 정해준다. 바람은 피부에서 열을 빼앗는데, 이 때문에 같은 온도라도 바람이 불 때가 불지 않을 때보다 훨씬 더 차갑게 느껴진다. 이른바 '체감온도'다. 체감온도는 온도계 측정이 아닌 공식에 따라 계산된다. 기상관측소 온도계는 영상인데도 얼어붙을 것 같은 추위를 느낄 수 있다. 체감온도는 인간에게만 적용하며 털이 많은 동물에게는 적용하지 않는다.

후각

바람은 냄새를 전달한다. 네덜란드 위트레흐트(Utrecht) 서쪽 지역에 커피 로스팅 공장이 있는데, 서풍이 불면 도시 전체가 향긋한 커피 향을 즐길 수 있다. 반면 공장 서쪽에서는 시민들은 동풍이 불 때만 커피 향을 맡을 수 있다.

미각

특히 바닷가 해변을 산책하고 나면 바람 때문에 온몸에서 소금 맛을 보게 된다. 바람 자체는 보이지 않지만 그 영향은 혀로도 감지할 수 있다.

청각

바람은 또한 소리도 더 멀리 전달한다. 철로 북쪽 가까운 거리에 있으면 남풍이 불 때 기차 소리가 더 잘 들린다.

토네이도 추적자들은 토네이도의 눈(핵)이 지나갈 때 머리 위에서 휘파람 소리와 윙윙거리는 소리를 듣는다. 어떤 사람들은 기차의 굉음과 비교하기도 한다. 격렬한 공기 움직임 주변의 기압 변동 때문에 그런 소리가 들리는 것이다. 바람에 의해 움직이는 물체는 언제나 큰 소음을 동반한다.

▲ 파도가 부서지는 것은 가까운 거리에서 큰 기압 차로 바람이 많이 분다는 뜻이다.

▲ 여러 공기층의 구름은 여러 방향에서 올 수 있다. 비행운의 모양은 고도 약 10km에서의 바람 특성을 보여준다.

바람의 높낮이

제트기류와 윈드시어

지구가 자전하면서 공기도 함께 자전한다. 지표면에서는 대기 상층과는 다른 속도로 더 많은 공기 마찰이 일어난다. 약 10km 고도에서 공기가 사방으로 압축돼 풍속이 매우 빠른 이른바 '공기의 강'이 생긴다. 이 강은 어느 정도 구불구불해서, 한 번은 남쪽에서 따뜻한 공기가 흐르고 한 번은 북쪽에서 찬 공기가 흐른다.

이 구불구불한 강을 '제트기류(jet stream)'라고 부른다. 시속 360km까지 꽤 강하게 불기도 한다. 북반구의 경우 제트기류는 대개 서쪽에서 불어온다. 미국에서 출발한 비행기는 이 바람을 잘 이용한다. 제트기류를 이용하면 반대편으로 비행할 때보다 1시간 정도 빨리 도착할 수 있다.

제트기류도 눈에 보이지 않지만 제트기류 고도에서 발생하는 구름은 볼 수 있다. 상층운인 권운은 강한 바람의 영향으로 기다란 새털 모양이다. 그런데 제트기류가 저기압을 유발하기도 하므로 권운은 좋은 징조가 아니다. 기

▲ 네덜란드 기상청의 관측탑은 경계층이라고 부르는 상공 200미터 아래의 기온, 풍속, 습도, 복사의 변동을 기록한다.

상 상태가 급격히 변한다는 신호다.

고도가 높을수록 풍속이 더 강할뿐더러 풍향 또한 달라진다. 이 두 가지가 동시에 변하는 효과를 '윈드시어(wind shear)'라고 한다. 1.5km 상공에 떠 있는 적운은 6km의 중층운과는 다른 이동 방향을 취하기에 풍향 변화를 살필 수 있다. 가끔 고도 10km에서 다른 방향으로 흘러가는 구름도 있다.

바람이 지표면에서는 남서쪽에서 불어오고 높은 고도에서는 북서쪽에서 불어오면 풍향이 '순전(順轉, veering)'하는 것이다. 순전은 바람 방향이 시계 방향으로 변화해가는 것을 말한다. 풍향이 순전할 때 높은 고도에서는 상대적으로 더 따뜻한 공기가 따라온다. 그때 공기 기둥은 보다 안정적인 상태가 된다. 이와 반대로 바람이 지표면에서는 남서쪽에서 불어오고 높은 고도에서는 남동쪽에서 불어오면 고도에 따라 바람이 줄어든다. 이처럼 풍향이 시계 반대 방향으로 변할 때는 더 찬 공기가 따라오며, 공기 기둥이 더 불안정해져 적운이 더 쉽게 형성된다.

지상에서는 바람이 짧은 시간에 수시로 바뀔 수 있다. "잦아드는 바람은 골칫거리를 가져온다"는 속담이 있는데, 강우 전선이 접근함에 따라 바람이 잦아드는 것이다. 강우 전선이 비를 뿌리고 지나가면 바람 방향이 바뀌면서 날이 갠다.

폭풍과 허리케인

바람은 서로 다른 힘을 갖고 있다. 바람이 큰바람 수준인 보퍼트 풍력 계급 8보다도 강하게 불면 폭풍이 치는 것이다. 10분 동안 평균 시속 62km 이상의 강한 바람이 불 때 폭풍이라고 부른다. 열대성 저기압이 풍력 계급 8에 도달하면 발생 해역에 따라 여러 별칭으로 불린다. 북대서양, 카리브해, 멕시코만, 북태평양 동부에서 발생한 폭풍은 '허리케인(hurricane)'인데, 온도가 27도 이상인 따뜻한 바닷물이 공급하는 심한 뇌우 무리에서 발생한다. 조건만 갖춰지면 소나기는 폭풍 덩어리가 됐다가 시간이 지나면서 나선형의 허리케인이 된다.

허리케인은 시속 117km 이상의 풍속으로 보퍼트 풍력 계급 12에 이르는 싹쓸바람이다. 12보다 높은 풍력 계급은 없지만 허리케인은 여전히 더 강해질 수 있다. 허리케인의 강도를 나타내기 위해 별도로 사피어–심프슨(Saffir–Simpson) 등급을 사용한다. 시속 117~154km 사이의 1등급에서 시작해 시속 250km 이상의 5등급까지 있다. 더욱 강력한 허리케인은 조밀한 나선형 구름 중심에 독특한 눈(핵)을 발달시킬 수 있다. 위성사진을 보면 매우 인상적이다. 허리케인은 엄청난 피해를 입힌다. 바람만이 문제가 아니다. 허리케인은 해안을 범람시킬 수 있는 폭풍 해일과 산사태를 일으킬 수 있는 폭우를 동반한다.

네덜란드의 경우 평균 시속 75km 이상의 풍력 계급 9를 폭풍이라고 규정한다. 네덜란드 기상청에 폭풍이라고 등록되지 않은 상태에서 실제로는 폭풍에 준하는 바람이 짧은 시간 몰아칠 수도 있다. 더욱이 여름철은 나뭇잎이 무성하기 때문에 겨울철 폭풍보다 더 많은 영향을 미친다. 1944년 9월 7일 플리싱언(Vlissingen) 지역의 허리케인이 풍력 계급 12를 기록했다. 그렇지만 대체로 네덜란드의 허리케인은 북아메리카 지역의 허리케인보다는 훨씬 덜 파괴적이다. 크기도 작다. 허리케인은 거센 바람과 함께 많은 비를 장시간 뿌린다. 네덜란드에서는 강한 돌풍이 불 때 이따금 시속 117km에 근접할 때도 있지만, 허리케인에 필적하는 풍속의 바람은 거의 불지 않는다.

열대성 허리케인의 잔재가 네덜란드를 지나갈 때도 있지만 그 위험은 덜하다. 허리케인이 유럽 대륙에 도달할 때 아주 가끔 풍력 계급 12에 이르는 바람이 불기도 하지만 그런 경우는 매우 드물다.

허리케인은 토네이도와는 다르다. 허리케인은 프랑스 크기에 맞먹을 만큼 크지만 토네이도는 직경이 1km 이상 되는 경우가 거의 없다.

▶ 기상학자라면 풍력 계급 10을 경험할 기회를 얻어야 한다. 2020년 겨울 에이마위던(IJmuiden) 지역에 엄청난 바람이 불었다.

깔때기구름과 토네이도

폭풍이나 허리케인이 아니더라도 짧은 시간에 매우 강한 바람이 불 수 있다. 이때 바람을 일시적으로 끌어들이는 다른 힘이 작용하는데, 보이지 않는 활강바람과 흔히 볼 수 있는 회오리바람이다. 둘 다 큰 피해를 줄 수 있다.

깔때기구름

'먼지 악마'와 같은 회오리바람이나 강력한 토네이도는 적란운(쌘비구름) 아래가 원뿔 모양으로 늘어지면서 시작된다. 상승 및 하강 기류의 역학으로 구름이 발달해 깔때기 모양 몸통이 점점 더 분명해진다. 이를 '깔때기구름'이라고 부른다. 하지만 회오리바람이나 토네이도라는 명칭은 깔때기구름이 실제로 지면에 닿아야 공식적으로 부를 수 있다. 먼지나 파편이 날리는 것을 보면 알 수 있다.

토네이도

가장 큰 피해를 입히는 회오리바람은 토네이도다. 심한 뇌우 때 발생할 수 있는 깔때기구름이 토네이도가 된다. 미국 중부 지역의 이른바 '토네이도 앨리(Tornado Alley)'가 가장 악명이 높다. 남쪽 멕시코만의 따뜻하고 습한 공기가 북쪽의 차갑고 건조한 공기와 서로 충돌한다. 심한 뇌우가 발생하고, 윈드시어로 인해 회전 운동을 할 수 있게 된다. 발생 시기는 3월에서 8월 사이다. 다른 시기에도 나타나지 않는 것은 아니지만 빈도가 낮다.

토네이도의 지름은 수십 미터에 이른다. 풍속은 시속 120~250km이며 400km 이상일 때도 있다. 풍속이 높을수록 토네이도의 폭이 더 넓어지고 더 큰 피해를 입힌다. 회오리바람의 강도는 후지타(Fujita) 등급으로 표시되는데, EF0에서 EF5 등급까지 있다. EF0은 가벼운 회오리바람, EF5는 파괴적인 토네이도를 의미한다.

유럽에도 일종의 '토네이도 계곡'이 있다. 유럽의 토네이도 대부분은 프랑스 북부에서 벨기에를 거쳐 네덜란드 동부와 독일 서북부로 이어지는 지역에서 발생한다. 미국의 토네이도 앨리와 마찬가지로 남쪽의 따뜻하고 습한 공기가 북서쪽의 차갑고 건조한 공기와 충돌한다. 특히 여름에는 강한 뇌우가 발생할 수 있으며, 이때 공기 기둥이 회전하게 된다. 네덜란드에서는 토네이도가 연평균 1~3개 정도만 발생한다. 그마저도 미국의 토네이도보다 약하다. 그러나 주거 지역이나 농장에서 발생하면 큰 피해를 입는다. 1674년 발생한 토네이도로 위트레흐트 성당 첨탑이 떨어져 나가면서 붕괴하기도 했다.

◀ 초기 깔때기구름(왼쪽). 깔때기구름이 바닥과 닿으며 토네이도가 발생한다(오른쪽).

갖가지 회오리바람

회오리바람

주로 여름이지만, 때때로 겨울에도 뇌우는 회오리바람을 동반할 수 있다. 적란운 바닥에서 깔때기구름이 형성돼 바닥에 닿으면 회오리바람이 발생한다. 일반적인 회오리바람은 네덜란드의 경우 1년에 몇 번 여름에 나타난다. 토네이도 정도의 강도는 아니다. 하지만 회오리바람과 토네이도라는 용어가 거의 같은 의미로 사용된다. 회오리바람을 후지타 등급 EF0 수준의 토네이도로 규정한다. 회오리바람이 발생하기 위해서는 지상 공기와 높은 고도의 공기 사이 온도와 습도 차이가 매우 커야 한다. 아울러 약 10km의 제트기류가 불어야 한다. 이런 조건이 갖춰지면 회오리바람을 동반할 수 있는 적란운이 발달한다.

워터스파우트

깔때기구름의 코가 탁 트인 바다나 호수 위에 닿으면 공기 대신 물을 빨아올릴 수 있다. 이렇게 수면에서 발생하는 회오리바람을 '워터스파우트(waterspout)'로 구분한다. 사람이 없는 곳에서 발생하기에 비교적 해가 없는 회오리바람이다. 주로 늦은 여름이나 가을에 발생한다. 이때 바닷물은 여전히 상대적으로 따뜻한 반면 극지방에서 공급되는 공기로 대기의 높은 고도는 상당히 차갑다. 이 기온 차이 때문에 북해나 바덴해는 워터스파우트의 산실이다.

먼지 악마

먼지 악마로 불리는 먼지 회오리는 일반적인 회오리바람과는 다른 방식으로 생성된다. 바람이 거의 없는 따뜻한 맑은 여름날에 먼지가 많은 지표면에서 발생하는 소규모 회오리바람이다. 뜨겁게 데워진 지표면의 열기로 공기가 빠르게 상승하고 풍향이 약간 바뀌면 먼지 회오리바람이 순간적으로 생길 수 있다. 바람에 건초가 휘말려 회오리치면 '건초 악마'라고도 부른다.

파이어네이도

화염 회오리인 '파이어네이도(firenado)'는 '불(fire)'과 '토네이도'의 합성어이며 '화염 악마'라고도 부른다. 파이어네이도는 화재가 일어난 상공의 뜨거운 공기가 매우 빠르게 상승할 때 발생한다. 보통은 몇 분 나타났다가 사라지지만, 조건이 계속해서 유지되면 20분 이상 지속하고 풍속이 시속 160km를 넘는 극단적인 경우도 있다.

▶ 무더운 여름 발생한 먼지 악마(왼쪽). 물을 빨아올리는 워터스파우트(오른쪽).

천둥과 번개

뇌우

뇌우는 잘 발달한 적란운 속 역동적 기류로 발생한다. 상승한 공기 중의 물방울과 얼음 알갱이가 높은 고도에 있는 차가운 공기의 다른 입자와 충돌한다. 이 충돌로 정전기가 발생한다. 이때 구름 윗부분은 양전하를 띠고 바닥은 음전하를 띠게 된다. 전하 차이 충분히 커지면 방전이 일어나면서 번개가 친다. 대부분 구름 속에서 일어나는 현상인데, 구름과 구름 사이의 수평 방전이나 구름과 지표면 사이에서 수직 방전이 발생할 수 있다. 번개가 지표면으로까지 내려와 뭔가에 맞으면 '벼락'이라고 부른다.

뇌우는 극지방보다는 적도 부근에서 더 자주 발생한다. 겨울보다는 여름, 바다보다는 육지, 아침보다는 오후와 저녁에 더 많이 생긴다.

산악 지역도 뇌우로 악명이 높다. 공기가 산 표면에 부딪히면 강제로 상승하기 때문에 추가 상승력을 얻게 된다. 중앙아프리카에서는 뇌우가 1년에 200일 이상 발생한다. 네덜란드의 경우 흐로닝언(Groningen)에서는 연평균 21일, 노르트브라반트(Noord-Brabant) 중부에서는 최대 34일 나타난다.

뇌우의 거리 맞히기

'소리'인 천둥은 '빛'인 번개보다 훨씬 느리게 이동한다. 따라서 번개의 섬광과 마지막 천둥소리 사이의 시차를 이용하면 뇌우의 거리를 계산할 수 있다. 번개가 보이면 천둥소리가 들리기까지 몇 초가 걸리는지 잰다. 만약 3초라면 음속이 초속 340m이므로 방전이 일어난 뇌우까지의 거리는 약 1km에 해당한다. 안전하다고 안심해서는 곤란하다. 뇌우가 수십 킬로미터 떨어져 있을 때에도 벼락을 맞을 수 있다. 볼 수는 있지만 너무 멀어서 천둥소리가 들리지 않는 번개도 있다.

화산 번개

화산 번개도 뇌우와 동일한 방식으로 발생하지만 큰 차이점이 있다. 화산이 폭발할 때 화산재, 유리 파편 등의 입자가 공기 중으로 분출된다. 그것들이 서로 마찰을 일으키면서 방전된다. 일반적인 뇌우와 마찬가지로 큰 전하 차이 번개가 치는 것을 볼 수 있다.

일반 번개와의 차이점은 때로는 지면 가까이에서 발생한다는 것이다. 늘 같은 방식으로만 일어나는 것도 아니어서, 아래에서 위로 번개가 칠 수도 있다.

◀ 번개와 벼락은 같은 모양으로 치는 법이 없다.

신기루와 파타 모르가나

지칠 대로 지친 사막 여행자가 저 멀리 호수와 야자수가 있는 오아시스를 발견했다. 그러나 아무리 다가가도 낙원은 멀리 있기만 하다. '신기루' 현상 때문이다. '파타 모르가나(Fata Morgana)'라고도 부르는 이 신기루 현상은 아주 멀리 있는 사물이 훨씬 더 가까이에 있는 듯 보이고 지평선 위에 떠 있는 것처럼 착각하게 만든다.

신기루는 수평으로 움직이는 광선이 밀도와 온도가 서로 다른 공기층에 의해 굴절할 때 나타난다. 하늘은 렌즈 역할을 하고 때로는 거울 역할도 한다. 그 결과 멀리 있는 사물이 실제 위치가 아닌 다른 위치에 있는 것을 보게 된다.

신기루의 가장 잘 알려진 형태는 더운 여름날 사막 지역이나 아스팔트 도로와 같은 뜨거운 지표면에서 나타난다. 지표면 바로 위에는 비교적 엷은 여분의 따뜻한 공기층이 있다. 지평선 바로 위에 위치한 사물에서 거의 수평으로 입사하는 광선은 해당 공기층에 의해 위로 반사된다. 그 때문에 사물이 지평선 아래에서 떠오르는 것처럼 보인다. 이는 '거울 효과(mirror effect)'를 유발해 도로 위에 물이 있다는 생각이 들게 한다.

지표면 바로 위 공기가 그 위의 공기보다 차가우면 신기루가 아래로 나타날 수도 있다. 극지방에서 규칙적으로 발생하지만, 바다 위나 사막과 같은 곳에서도 이와 같은 기온 역전 현상이 이따금 일어난다. 지평선 너머에 있는 사물의 광선이 변위와 반사를 하게 되면 마치 사물이 지평선 위에 거꾸로 떠 있는 것처럼 보인다.

파타 모르가나의 경우에는 2가지 현상이 모두 일어난다. 다수의 신기루가 동시에 발생하고, 모습을 뒤틀리게 보여주는 거울로 세상을 바라다보는 것처럼 수직으로 늘어진 거꾸로 된 이미지와 똑바로 선 이미지의 기이한 조합을 보게 된다. 파타 모르가나는 반투명하게 나타나며 계속해서 모양을 바꾸는 유령 같은 특성을 갖고 있다. 섬, 배, 산 또는 멀리 있는 오아시스 같은 원래의 사물을 거의 알아볼 수 없는 경우가 많다.

아서 왕의 이복 여동생

파타 모르가나는 9세기 아서왕 전설에서 아서왕의 이복누이이자 사악한 마녀인 모르간 르 페이(Morgan le Fay)의 이탈리아식 이름이다. 이탈리아 항해사들은 시칠리아와 칼라브리아 사이에 있는 메시나(Messina) 해협의 신기루가 그녀의 마법 때문에 생긴다고 여겼다.

▶ 신기루 때문에 멀리 있는 물체가 수평선 위에 떠 있는 것처럼 보인다(위). 파타 모르가나는 온도가 다른 대기층에서 빛이 여러 번 반사돼 일어난다(아래).

108

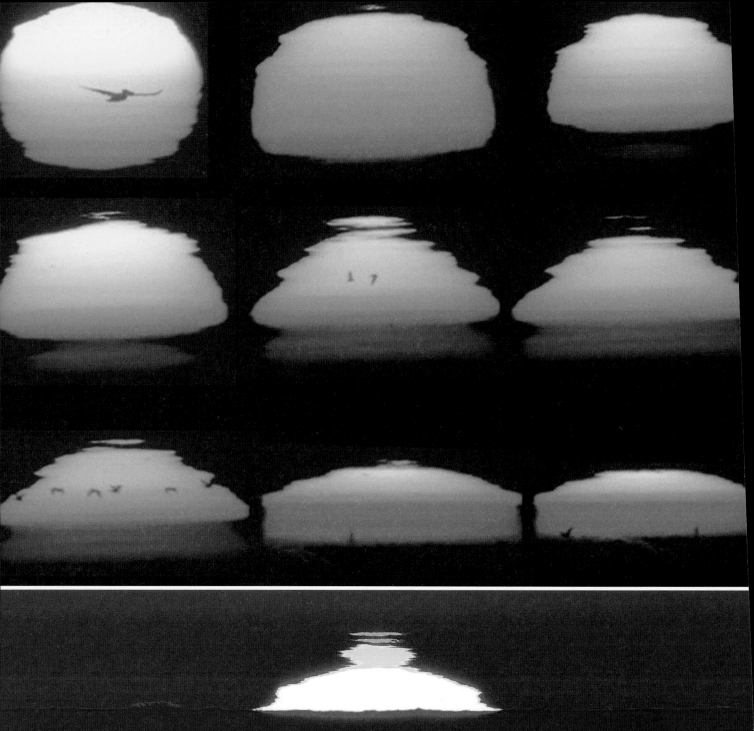

일몰의 색깔

하루가 끝날 무렵 일몰 직전에 태양은 매우 낮게 떠 있고, 햇빛은 한낮보다 지구 대기권을 통과하는 거리가 멀어진다. 그러면 훨씬 더 많은 햇빛이 산란하고 태양은 황갈색이나 주황색을 띠게 된다. 수평선 아래로 사라지기 직전에는 핏빛으로 점점 붉게 변할 수 있다.

화산 폭발로 분출된 연기와 화산재 입자로 붉은 일몰이 일어나기도 한다. 네덜란드의 경우 사하라 사막에서 미세한 모래 먼지가 불어올 때 석양이 눈에 띄게 붉은 모습을 보게 된다. 이런 입자 때문에 약간 더 긴 파장을 가진 빛이 더 산란한다.

햇빛은 지구 대기를 지날 때 산란할 뿐만 아니라 회절한다(휜다). 이 때문에 실제로 태양이 이미 지평선 아래에 있을 때도 태양을 볼 수 있다(16쪽 참조). 이와 같은 '대기굴절'은 또한 긴 파장(빨간색)보다 짧은 파장(파란색)에서 더 잘 일어난다.

태양이 이미 지평선 아래로 사라지면 태양의 맨 꼭대기 가장자리에서 나오는 짧은 파장의 광선만 굴절해 우리 눈에 도달한다. 청색광은 대부분 산란하기에 햇빛의 녹색광만 보인다. 이로 인해 '녹색섬광(green flash)'이라는 드문 현상이 생기는데, 구름이 전혀 없는 날 바다에서 관찰할 수 있다. 기껏해야 몇 초지만 밝은 초록색으로 빛나는 햇빛의 마지막을 보게 된다.

해가 지는 지평선의 정확한 위치와 해가 지는 정확한 시간은 일출 때와 마찬가지로 1년 내내 바뀐다(14쪽과 16쪽 참조). 게다가 우리가 있는 위치도 중요하다. 네덜란드 동쪽에서는 해가 서쪽보다 10~15분 일찍 진다. 그리고 10~15분 더 일찍 뜬다. 노르트흐로닝언(Noord-Groningen) 지역은 자이트림부르흐(Zuid-Limburg)보다 낮의 길이가 겨울에 더 짧고 여름에 더 길다. 그 차이는 최대 30분이나 된다.

111

보이지 않는 색깔

태양은 눈에 보이는 가시광선 말고도 적외선과 자외선을 방출한다. 자외선은 청색광보다 파장이 훨씬 짧고 에너지는 훨씬 높다. 자외선에 장기간 노출될 경우 암이 유발할 수도 있다. 다행인 것은 태양에서 오는 유해한 자외선의 대부분은 지구 대기권의 오존이 흡수한다.

◀ 일몰 때의 햇빛은 지구 대기권을 통과하는 거리가 길다. 그래서 색이 바뀔 뿐 아니라 불규칙적인 변형도 일어난다(위). 산란과 대기굴절 조합으로 약간의 마지막 햇빛이 몇 초 동안 녹색으로 변한다. 녹색섬광이다(아래).

지구그림자

태양계에서 유일한 자연 광원은 태양이다. 행성, 위성, 소행성, 혜성 같은 다른 모든 천체는 스스로 빛을 내지 못한다. 이 천체들은 태양에 의해서 한 면에 빛을 받는 물체다. 빛을 받는 부분만 밝고 반대편은 어둡다. 지상에 있는 우리는 낮과 밤이 바뀌는 것으로 이 사실을 알아차리며, 달의 경우 위상을 통해 명확히 살필 수 있다.

천체가 한 면에 태양 조명을 받는다면 당연히 그림자가 생긴다. 지구도 어두운 그림자를 우주에 드리우고 있다. 더욱이 태양은 지구보다 훨씬 크기에 지구그림자는 매우 길게 뻗은 원뿔 모양을 하고 있다.

지구그림자는 월식 동안 가장 잘 보인다. 이때 보름달이 원뿔 모양의 그림자를 통과한다. 물론 월식이 아닐 때에도 규칙적으로 지구그림자를 볼 수 있다.

일몰 직후 태양이 서쪽 지평선 아래에 있을 때, 하늘 반대편인 동쪽에서 지구그림자가 어떻게 떨어지는지 볼 수 있다. 반대로 일출 직전 서쪽 하늘에서도 지구그림자를 볼 수 있다.

이 현상은 먼지나 습기가 거의 없는 완전히 맑은 하늘에서 가장 잘 나타난다. 그렇지 않을 경우 너무 많은 햇빛이 산란을 통해 지구그림자에 남게 된다. 게다가 동쪽 지평선을 막힘없이 볼 수 있어야 한다. 건물이 있는 곳이나 숲이 우거진 곳에서는 볼 수 없다.

일단 어디에 주의를 기울여야 하는지 알게 되면, 서서히 떠오르는 지구그림자가 꽤 자주 보일 것이다. 일몰 직후에는 동쪽에서 점차 푸른 색조의 그늘을 볼 수 있고, 대략 30분 후에는 지평선 바로 위 하늘이 상당히 어두워지는 것을 관찰할 수 있다. 가끔은 지구그림자의 위 가장자리에서 약간의 빨간색과 보라색을 띠는 박명 색깔을 가진 좁은 띠를 볼 수 있다.

> ### 산그림자
> 맑은 날 해 질 무렵 높은 외딴 산봉우리에 서 있으면 산그림자를 동쪽에서 볼 수 있다. 이 그림자는 늘 거의 완벽한 삼각형 모양을 띠는데, 산이 원뿔이나 피라미드 모양이라서가 아니라 그림자 길이가 수백 킬로미터나 되기 때문이다. 원근 효과로 마치 평행한 철로가 한 지점으로 모이는 것처럼 보인다.

▶ 일몰 직후 동쪽에서 지구그림자가 대기에서 어떻게 떨어지는지 볼 수 있다. 이 사진은 보름달일 때 촬영한 것인데, 보름달은 하늘에서 항상 태양의 반대편에 있다.

동물들의 원

지구와 다른 행성들은 거의 같은 평면에서 태양을 공전한다. 지구 주위를 도는 달의 궤도도 마찬가지다. 즉, 우리는 태양과 달 그리고 행성과 같은 태양계 주요 천체를 '황도 12궁(zodiac)'이라고 하는 '동물들의 원(그중에는 사람도 있지만)'에서 늘 볼 수 있다.

그런데 행성 사이 공간이 완전히 비어 있는 것은 아니다. 아주 미세한 먼지 입자가 떠다니고 있는데, 태양으로부터 빛을 받아 희미하게 반짝인다. 그 먼지 입자 대부분은 행성이 움직이는 궤도와 같은 평면에 모여 있지만, 중앙평면을 기준으로 약간 위와 아래에도 분포한다. 이 먼지 입자가 '황도광(zodiacal light)'을 만들어낸다.

입자가 너무 작아서 전혀 보이지 않을 것 같아도 조건만 갖춰지면, 특히 태양을 좀 더 들여다보면 이 먼지를 볼 수 있다. 햇빛의 '정방향 산란' 때문이다. 방이나 거실 주위에 떠다니는 먼지 또는 자동차 유리의 먼지와 흠집이 '역광'을 받을 때 잘 보이는 것도 같은 원리다.

그렇기에 황도광은 태양 근처에서 찾아야 한다. 동시에 충분히 어두워야 한다. 따라서 이 희귀한 현상은 황혼이 끝난 직후 밤이 시작될 때라야 볼 수 있다. 이때 우리는 서쪽 지평선 위로 아주 희미한 빛을 보게 된다. 이 빛은 왼쪽으로 기울어진 길게 뻗은 삼각형 모양을 하고 있다. 그 희미한 빛은 황도대를 따라 퍼져 나간다.

황도광을 보려면 하늘도 매우 깨끗해야 하며, 주변이 칠흑같이 어두워야 한다. 달빛도 없는 곳이어야 한다. 그리고 황도광은 일몰 직후뿐 아니라 일출 직전 동쪽 하늘에서도 볼 수 있다.

하지만 아쉽게도 네덜란드에서는 황도광을 관찰하기 어렵다. 적도로 갈수록 훨씬 더 잘 보이는데, 동물들의 원이 적도에서 지평선에 훨씬 더 가파르기 때문이다. 그래도 네덜란드에서 이 희귀한 현상을 관찰 또는 촬영하기에 가장 좋은 시기는 3월과 4월 일몰 직후 또는 9월과 10월 일출 직전이다.

대일조

황도광보다 훨씬 더 식별하기 어려운 빛은 '대일조(counterglow)'라는 태양과 정반대 쪽 황도 위의 빛이다. 맑은 가을날 밤에 볼 수 있으며, 밝을 때는 타원 모양으로 보인다. 이 현상도 우주 먼지 입자가 햇빛을 반사해 생긴다.

◀ 칠레 북부 파라날(Paranal) 천문대에서 장기 노출을 이용해 촬영한 황도광.

겨울에만 나타나는 하늘의 진주

'진주운'은 이름에서 알 수 있듯이 진주 빛깔을 띠고 때로는 물결 모양으로 나타난다. 이 구름은 대기권 매우 높은 고도에서 발생하며 일반형 구름이 전혀 아니다. 일반적으로 구름은 대기권의 낮은 층인 대류권에서 형성된다. 대류권은 극지방의 경우 지표면에서 약 8km, 적도에서는 18km 높이의 대기층이다. 진주운은 매우 높은 고도에 뜨는데, 대류권 위 '성층권' 15~25km 높이에서 발생하고 최대 40km 고도에서 발견된 적도 있다. 이 높이에서는 얼음 알갱이만 구름을 형성할 수 있다. 아울러 겨울이어야 한다. 북반구에서는 1~3월, 남반구에서는 7~9월에 나타난다. 엄청나게 추운 성층권 고도에서 발생하므로 '극성층권운'이라고도 부른다.

사실 성층권은 공기가 매우 희박해서 얼음 알갱이도 거의 발생하지 않는다. 그러나 기온이 섭씨 영하 80도 아래로 떨어지면, 태양에 의해 미세한 얼음 결정이 생길 수 있다. 이 얼음 알갱이는 냉각된 수증기와 더불어 질산과 물의 화합물로도 이뤄질 수 있다.

진주운은 성층권에서 극도로 추울 때만 나타나기에 오존층에서 일어나는 일과도 관련이 있다. 오존층은 성층권 15~40km에 위치하며 태양에서 오는 해로운 자외선으로부터 우리를 보호한다. 그런데 온도가 극도로 낮을 경우에는 자외선을 차단하는 오존 분자조차 분해된다. 진주운이 있으면 분해가 더 빨리 진행되는데, 진주운 속 얼음 알갱이 표면에서 염소와 브롬 화합물에 의해 오존이 추가로 분해되기 때문이다.

남극 대륙에서는 매년 겨울 이른바 오존층 구멍이 다시 돌아오는 것으로 알려져 있다. 오존층 구멍은 한 곳에만 머무르지 않지만, 그 고도에서 공기의 흐름에 따라 회오리친다. 이때 지상에서 진주운을 볼 수 있으며, 오존층이 매우 얇다는 사실을 가리키는 것일 수 있다. 네덜란드의 경우 진주운을 산발적으로 볼 수 있다. 진주운의 아름다운 색상은 태양이 고도 20km 높이에서 아직 빛나는 일몰 직후나 일출 직전에 가장 잘 보인다.

예상 날씨: 없음. 진주운은 성층권 대기가 매우 차갑다는 것을 나타내지만, 지상의 날씨에는 아무런 영향을 미치지 않는다.

▶ 얼음처럼 차가운 겨울에 등장한 진주운. 홀로그램 무늬가 매우 아름답다.

여름에만 등장하는 은빛 구름

5월 말에서 7월 중순 사이 밤하늘에서 이따금 아주 희귀한 구름을 볼 수 있다. 바로 '야광운(Noctilucent clouds)'이다. 이 엷은 구름은 대게 은빛을 띠지만 옆은 노란빛이나 푸른빛을 띠기도 한다. 잔잔한 파도나 잔물결 모양인데, 매우 빠르게 모양이 바뀐다.

야광운은 지구의 대기권에서 '중간권'이라고 부르는 고도 75~85km 높이에 생긴다. 이미 설명했듯이 일반적으로 구름은 고도 10~15km의 대류권에서 발생한다. 중간권은 성층권 위의 대기권이고 수증기가 거의 존재하지 않아 기상 현상이 일어나지 않지만, 운석의 먼지 입자 같은 미세한 입자를 포함하고 있으며 위로 올라갈수록 기온이 하강하므로 대류 현상도 존재한다. 그래서 약간의 수증기라도 이 먼지 입자에 엷은 층의 얼음으로 들러붙으면 햇빛을 반사하게 된다.

이런 얼음층이 형성되려면 기온이 영하 90~145도가 돼야 한다. 따라서 야광운은 극지방의 중간권이 가장 추운 여름철에 볼 수 있다. 일몰 후 몇 시간이 지난 뒤 북서쪽 매우 낮은 곳에서 요정처럼 등장한다. 지상에는 이미 어둠이 내렸지만, 굉장히 높은 고도에 있는 구름은 여전히 햇빛을 받아 빛을 낸다. 해가 뜨기 훨씬 전에 북동쪽 낮은 곳에서도 종종 볼 수 있다.

야광운의 모양이 매우 빨리 변하는 까닭은 중간권에서 대류 현상이 강하기 때문인데, 최대 풍속이 시속 700km에 이른다. 희박한 공기가 규칙적으로 오르락내리락하면서 물결 모양을 자아낸다. 마치 잔잔한 바다를 보는 것 같다. 게다가 야광운은 무척 엷고 투명해서, 밝은 별들이 구름 속에 박혀 있는 듯 보인다.

그러나 야광운의 생성 원인은 아직 명확히 밝혀지지 못했다. 짐작건대 대기 중 오염물질이나 잔존 화산재, 별똥별 가루 등이 응결핵 역할을 하는 게 아닌가 싶다.

당연하게도 중간권의 야광운을 보려면 그 아래로 다른 구름이 없어야 한다. 아울러 탁 트인 전망으로 북서쪽 하늘을 볼 수 있어야 한다. 2019년에는 대도시에서도 꽤 자주 목격됐다.

야광운의 발생이 인간 때문?

야광운에 대한 최초의 언급은 1885년으로 거슬러 올라간다. 그 이전에는 기록이 없다. 최근 수십 년 동안, 그리고 확실히 최근 몇 년 동안 더 자주 보이는 것 같다. 야광운 발생 원인이 인간에게 있다는 비판도 있다. 이산화탄소나 메탄과 같은 온실가스 배출 증가와 관련이 있다는 것이다.

◀ 때때로 야광운은 무척 밝고 넓게 나타나 도시에서도 관찰할 수 있다.

밤하늘을 수놓는 오로라의 향연

밤하늘에서 가장 매혹적인 현상을 꼽으라면 단연 '오로라(aurora)', 즉 '극광'이다. 그 이름처럼 극지방에서 특히 잘 나타난다. 로마 신화에 등장하는 여명의 여신 '아우로라'의 이름을 딴 것이다. 극광에는 북극광과 남극광이 있다. 북극광은 '북녘의 빛'이고 남극광은 '남녘의 빛'이다. 알래스카, 캐나다, 아이슬란드, 스칸디나비아에서 겨울철에 나타나는 오로라는 규칙적으로 나타나고 때로는 밤새도록 볼 수 있다. 여름철에는 밤이 충분히 어두워지지 않아 보기 어렵다. 그리고 하늘에 구름이 없어야만 보인다. 북극광은 중간권보다 높은 열권에서 나타나기에, 아래로 구름이 깔려 있으면 시야에 들어오지 못한다.

오로라는 아름답게 흔들리는 물결 모양의 녹색빛 커튼이다. 때로는 붉은빛과 보랏빛 반점도 보인다. 언제, 어떤 형태로, 어떤 밝기로 극광을 관찰할 수 있는지 정확히 예

▲ 알래스카, 아이슬란드, 스칸디나비아에서는 날씨가 맑은 거의 매일 밤 극광을 볼 수 있다. 태양에서 강력한 폭발이 있은 지 며칠이 지난 후, 극광은 보통 때보다 훨씬 밝아져 몇 시간 동안 다양한 색깔의 물결 모양의 빛을 볼 수 있다.

우주에서 본 오로라

국제우주정거장(ISS)에 탑승한 우주비행사들은 북극과 남극을 내려다보면서 극광을 정기적으로 관찰하고 있다. 매우 특별한 경험이다. 허블우주망원경은 목성과 토성의 극광을 포착하기도 했다.

측하기란 불가능하다.

오로라는 태양에서 날아온 전하를 띠고 있는 입자가 지구 자기장과 상호작용해 극지방 대기에서 일어나는 대규모 방전 현상이다. 태양의 대전입자는 지구 자기장을 거쳐 지구의 자기 북극과 자기 남극 주변을 중심으로 반경 2.5~3km의 넓은 원형 자기 띠를 형성한다. 태양풍과 지구 자기장의 강도와 방향에 따라 넓어지거나 좁아지면서 위아래로 움직이므로 꼭 극지방이 아니더라도 북반구나 남반구에서 볼 수 있다.

산소 분자는 녹색빛을 내고 질소 분자는 붉은빛을 낸다. 질소는 지표면 위 높은 고도에서 빛나기 시작한다. 그로 인해 붉은 오로라가 가끔 네덜란드 북부에서 관찰되며, 훨씬 더 북쪽인 스칸디나비아 북부와 북해 지역에서도 그런 현상이 나타난다.

태양은 전하를 띠고 있는 입자를 지속해서 우주로 내보낸다. 그러다 이따금 태양에서 강력한 방출이 일어나 지구를 덮치는데, 그때의 극광은 더 밝고 활동적이다.

태양이 연출하는 잿빛 밤하늘

별을 잘 관찰하려면 날이 어두워야 한다. 가을, 겨울, 봄에는 매일 밤이 어둡다. 겨울에는 낮이 가장 짧고 밤이 가장 길다. 그래서 오랫동안 천체의 장관을 즐길 수 있다. 하지만 여름에는 겨울과 정반대다. 여름에는 밤이 매우 짧고 저녁 박명(황혼)이 끝나기도 전에 새벽 박명(여명)이 다시 시작되기도 한다. 날이 완전히 어두워지지 않고, 심지어 한밤중에도 어둡지 않다. 태양이 계속해서 잿빛 밤하늘을 연출하는 것이다.

천문학자들은 태양이 지평선에서 18도 아래에 있을 때 밤이라고 여긴다. '천문박명'이 끝나는 시점이다. 그런데 5월 20일에서 7월 20일 사이 네덜란드에서는 태양이 그렇게 깊이 내려가지 않는다. 지구의 북반구가 태양을 향해 기울어진다. 한낮에는 태양이 하늘 매우 높은 곳에 떠있다. 저녁 늦게 북서쪽 지평선 아래로 사라졌다가 고작 몇 시간 뒤에 북동쪽에서 다시 나타난다. 밤이 가장 짧은 날(6월 20일경)에도 네덜란드 중부에서는 태양이 지평선 아래 15도 밑으로 내려가지 않는다.

북쪽으로 갈수록 이 '잿빛 밤'이 길어진다. 노르웨이와 스웨덴 남쪽은 4월 말부터 8월 말까지 4개월 동안 밤에도 전혀 어두워지지 않는다. 북위 62도에 위치한 릴레함메르(Lillehammer)에서는 밤이 가장 짧은 날인 동지에도 태양이 지평선 아래 5도 아래로는 내려가지 않는다.

더 북쪽으로 가면 북위 66.5도의 북극권에 도달한다. 북극권은 알래스카, 캐나다 북부, 아이슬란드 북부, 스칸디나비아 북부를 포함한다. 이 북극권에서는 6월 20일에 태양이 한 번도 지평선 아래로 사라지지 않는다. 북극권에서 북쪽으로 올라갈수록 희귀한 '백야' 현상이 더 오래 간다.

북극에서 태양은 3월 20일부터 9월 23일까지 6개월 동안 지평선 위에 위치한다. 11월 중순부터 1월 말 사이에만 날이 어두워지는데, 이때마저도 태양은 지평선 아래 최소 18도에 위치한다.

태양은 그저 있을 뿐

태양은 1년의 절반은 지평선 위에 위치하고 절반은 아래에 위치한다. 지구상 모든 장소에서 똑같다. 적도에서는 태양이 24시간 중 12시간은 지평선 위에, 12시간은 아래에 위치한다. 북극과 남극에서는 6개월 동안 낮이 계속되고 6개월 동안 밤이 지속된다.

◀ 노르웨이 최북단 노르트캅(Noordkaap)에서는 6월 20일경부터 몇 주 동안 태양이 지평선 아래로 사라지지 않는 백야 현상이 일어난다.

빙글빙글 돌아가는 천체

하늘의 별들은 정지해 있지 않고 천천히 회전한다. 현기증이 날 정도로 빠르지는 않지만, 알아차릴 수 있을 만큼 돌고 있다. 주의를 잘 기울여 밤하늘을 관찰하면, 몇 분 안에 그 사실을 알 수 있다.

먼 옛날에 사람들은 별이 지구 주위를 돈다고 생각했다. 하지만 지금은 돌고 있는 것이 우리가 사는 지구라는 사실을 잘 안다. 지구가 회전하기 때문에 우리도 돈다. 그래서 머리 위에 있는 별들이 움직이는 것처럼 보이는 것이다.

별의 이런 일주는 우리 눈에만 그렇게 보이는 겉보기 운동이다. 별이 움직이는 게 아니라 우리가 움직이고 있을 뿐이다. 천천히 움직이기 시작하는 기차에 앉아 있는데, 마치 정지된 열차가 옆 선로에서 움직이는 것처럼 보이는 것과 같은 이치다.

별들은 태양이 낮에 하는 일을 밤에 한다. 동쪽에서 떠올라 남쪽 지평선 위 가장 높은 고도에 이른 다음, 다시 서쪽으로 진다.

만약 우리가 북극 위에 서 있다면, 다시 말해 자전하는 지구의 중심 축 위에 서 있다면, 별들이 원 궤도를 그리며 우리 주위를 회전하는 모습을 볼 수 있다. 만약 지구의 측면인 적도 위에 서 있다면, 별들은 지평선과 수직으로 움직인다. 네덜란드의 경우 별들은 적도와 북극 사이 중간 어느 하늘에서 대각선 궤도를 그리며 움직인다.

청명한 밤에는 천체의 회전을 더 쉽게 따라갈 수 있다. 그렇게 높지 않은 하늘에 떠 있는 밝은 별 하나를 찾아보자. 그런 뒤 멀리 있는 교회 첨탑이나 나무처럼 지평선에서 눈에 띄는 곳 바로 위에 그 별을 볼 수 있는 지점을 선택하자. 몇 분이 지나면 별의 위치가 바뀐 것을 발견할 수 있다. 지구가 그만큼 자전한 결과다.

관찰한 지점을 정확히 표시해두면 매일 밤 몇 시에 그 별이 같은 지점에 다시 떠 있는지 확인할 수 있다. 이렇게 함으로써 지구가 한 번 자전하는 데 걸리는 시간인 자전 주기를 측정할 수 있다. 23시간 56분이 나온다.

4분의 차이

지구의 자전 주기는 정확하게 23시간 56분 4초다. 하루가 24시간 아니었던가? 맞다. 하지만 별의 위치로 24시간을 측정하지 않고 태양의 위치로 측정해서 그렇다. 4분 정도 차이가 생기는 이유는 지구가 지축을 중심으로 자전하면서 동시에 태양 주위를 공전하기 때문이다.

▶ 카메라를 조리개를 몇 분 동안 노출해 별을 촬영하면, 지구의 자전으로 인해 별이 움직이는 것처럼 보인다는 사실을 알 수 있다.

저마다 다르게 밝은 별

하늘에 떠 있는 별은 마치 작고 밝은 점처럼 보인다. 하지만 그 점들의 밝기가 모두 똑같지는 않다. 어떤 별은 다른 별보다 훨씬 더 밝다. 또 어떤 별은 너무 밝아서 도시에서도 볼 수 있다. 어떤 별들은 너무 희미해서 육안으로는 거의 볼 수가 없다.

별, 즉 항성은 실제로는 태양과 같이 빛나는 거대한 가스 덩어리다. 그런데 그 별들은 상상할 수 없을 정도로 머나먼 거리에 있어서 태양보다 훨씬 작고 희미하게 보인다. 모든 별이 태양과 정확히 같은 양의 빛을 방출한다면 더 밝은 별은 상대적으로 가까운 거리에 있고, 희미한 별은 아주 멀리 떨어져 있다고 보면 된다. 그러나 그렇게 간단하지가 않다. 어떤 별은 다른 별보다 훨씬 더 밝은 빛을 내지만, 너무 멀리 떨어져 있어서 밝게 보이지 않을 뿐이다. 그러므로 이른바 '겉보기 밝기'는 별의 거리를 나타내는 척도로 알맞지 않다. 수백 광년 거리에 떨어져 있는 거대한 별과 가까이에 있는 작은 별의 밝기가 우리 눈에는 똑같아 보이기 때문이다.

우리가 육안으로 관측할 수 있는 가장 밝은 별은 '큰개자리(Canis Major)'의 알파별(주성)인 시리우스(Sirius)다. 이 별은 겨울철에 잘 보인다. 태양보다 25배 더 많은 빛을 방출하면서도 8.59광년이라는 비교적 가까운 거리에 있어서 특히 눈에 띈다.

한편으로 태양에서 가장 가까운 별인 켄타우로스자리(Centaurus)의 프록시마(Proxima)는 4.2광년 거리에 있는데도 아주 희미하다. 이 별은 거의 빛을 내지 않는 '왜성(dwarf star)'으로서 망원경으로만 볼 수 있다. 그리고 지구의 남반구에서만 관측 가능하다.

도시에서는 매우 밝은 별들만 볼 수 있다. 하지만 광공해가 없는 어두운 곳에서는 수천 개의 별이 보인다. 우리 눈이 어둠에 익숙해지면 질수록 더 많은 별을 볼 수 있다. 물론 육안으로는 구분할 수 없을 정도로 매우 희미한 별들도 수없이 많다. 이런 별을 보려면 망원경이나 최소한 쌍안경이 필요하다. 쌍안경만 있어도 육안으로 보는 것보다 더 많은 별을 볼 수 있다.

깜박이는 별

가장 밝은 겨울별인 시리우스는 지평선 위 매우 높은 곳에 뜨지 않는다. 그래서 별빛이 지구 대기를 통과해 꽤 먼 거리를 이동한다. 시리우스가 강하게 반짝이는 것을 볼 수 있는 것도 이 때문이다. 마치 우주에서 손전등을 깜박이는 것 같다. 이런 효과는 지구 대기권의 진동 때문에 발생한다.

◀ 오리온자리(Orion)의 띠를 이루는 3개의 밝은 별 외에도 수많은 희미한 별들이 있음을 알 수 있다. 별의 밝기는 실제 광도와 지구까지의 거리로 결정된다.

색깔 있는 별

별들은 여러 가지 색깔을 갖고 있다. 많은 사람이 이 사실을 잘 모르지만 조금만 신경 써서 살펴보면 분명하게 보인다. 어떤 별은 약간 푸르스름하고, 또 어떤 별은 노란색을 띠고, 또 다른 별은 주황색이나 빨간색에 가깝다.

별들의 밝기가 똑같지 않다는 사실은 대부분 알고 있다. 그런데 차이점이 더 있다. 별은 서로 다른 크기와 온도를 갖고 있다. 그래서 색깔도 다양하다. 다만 그것을 구분하기란 쉽지 않다.

별의 색깔이 썩 눈에 띄지 않는 까닭은 망막의 기능과 관련이 있다. 눈의 망막에는 빛에 민감한 2가지 유형의 세포가 있는데, 간상세포와 원추세포가 그것이다. 색을 구분하기 위해서는 원추세포가 필요하다. 하지만 안타깝게도 원추세포는 빛이 충분히 있을 때만 제대로 작동한다.

그 결과 우리는 낮보다 밤에 색깔을 잘 구분하지 못한다. 그래서 "어둠 속에서는 모든 고양이가 회색이다"라는 속담이 있다. 그래도 밝은 별들은 색깔이 잘 보인다. 쌍안경을 사용하면 별의 색깔도 더 눈에 띈다.

흥미로운 사실은 별의 색깔로 그 별이 얼마나 뜨거운지 알 수 있다는 점이다. 푸른색이나 백색 별의 표면 온도는 약 1만 5,000도다. 태양과 같은 황색 별은 약 5,000도다. 주황색이나 적색은 3,000~3500도다.

겨울철 별자리 가운데 유명한 오리온자리에서 오른쪽 아래 모서리에 있는 별이 리겔(Rigel)이다. 이 별은 청백색으로 빛난다. 굉장히 뜨거운 별이다. 오리온자리의 왼쪽 위에는 베텔게우스(Betelgeuse)가 있다. 이 별은 색깔이 주황색이어서 훨씬 덜 뜨겁다.

항성이 수백 광년 떨어져 있는데도 특수한 장비 없이 온도를 알아낼 수 있다는 것이 정말 놀랍다.

별의 색깔과 밝기와 크기

적색 별은 태양보다 표면 온도가 낮다. 온도가 더 높은 청색 별은 더 많은 에너지를 방출한다. 그렇지만 항상 그런 것만은 아니다. 낮은 온도에도 불구하고 엄청나게 밝은 적색 별들이 있다. 크기가 워낙 커서인데, 이런 별을 '적색거성(red giant)'이라고 부른다. 반면 아주 희미해 보이는데도 굉장히 뜨거운 백색 별들이 있다. 크기가 작은 '백색왜성(white dwarf)'이다.

▶ 천체망원경으로 관측하면 별들의 색이 서로 다르다는 것을 확연히 알 수 있다. 주황색이나 적색 별은 비교적 차갑다. 청색이나 백색 별은 매우 뜨겁다(위). '보석 상자'라 불리는 별들 가운데 유독 눈에 띄는 적색 별이 있다. 바로 베텔게우스다. 이 별은 표면 온도가 낮다(아래).

알데바란

카펠라

베텔게우스

리겔

시리우스

폴룩스

카스토르

프로키온

상상력이 펼쳐낸 우주 지도

별들은 가지런히 심은 나무들처럼 고르게 분포해 있지 않다. 아주 제 마음대로 흩어져 있다. 공교롭게도 우주에는 별들이 눈에 덜 띄는 영역도 있고 별들이 매우 가깝게 모여 있는 영역도 있다는 뜻이다. 그렇게 별들이 모여 있는 곳을 별자리라고 부른다.

사자자리(Leo), 큰곰자리(Ursa Major), 오리온자리, 물병자리(Aquarius)와 같은 별자리 이름은 수천 년 전에 지어진 것들이다. 수메르(Sumer) 시대로까지 거슬러 올라간다. 다른 별자리들은 이름이 지난 몇백 년에 걸쳐 만들어졌다. 주로 희미한 별들로 구성된 작고 눈에 띄지 않는 별자리들이다.

별자리를 알아보려면 풍부한 상상력이 필요하다. 언뜻 보기에 큰곰자리는 전혀 곰처럼 보이지 않는다. 오리온자리는 조금 나은 편인데, 조금 더 관심 있게 보면 사냥꾼 형태를 발견할 수 있다. 하지만 살쾡이자리(Lynx)나 도마뱀자리(Lacerta)는 어떨까? 그림을 덮어씌우고 봐야 이해할 수 있다.

우리 선조들의 상상력이 대단했던 것 같다. 게다가 밤하늘도 지금보다는 훨씬 청명했을 것이다. 광공해의 간섭을 받지 않았기에 우리보다 훨씬 더 많은 희미한 별들을 볼 수 있었을 것이다. 그러다 보니 어느 순간 곰의 머리와 다리가 보였을지도 모르겠다.

사실 별자리에 속한 별들은 실제로는 서로 아무런 관련이 없다. 우리 눈에 평면으로 보이기에 같이 붙어 있는 것처럼 느낄 뿐이다. 같은 별자리에 있는 별이라도 어떤 별이 다른 별보다 훨씬 더 먼 거리에 떨어져 있을 수 있다.

현재 국제천문연맹은 88개의 별자리를 인정하고 있다. 그중 대부분은 희미해서 눈에 잘 띄지 않는 별자리다. 더욱이 대다수 별자리는 열대 지역이나 남반구에서만 볼 수 있다.

모름지기 1년 정도만 연습하면 네덜란드의 밤하늘에서 별자리들을 쉽게 찾고 구분할 수 있다. 기껏해야 20개다. 이 정도면 하늘에서 길을 잃지 않을 것이다.

별자리와 동물들

별자리 이름 대부분은 헤라클레스(Heracles), 카시오페이아(Cassiopeia), 페르세우스(Perseus)처럼 그리스 신화 속 인물을 따서 붙인 것들이다. 당시 다른 문화권에서도 그들만의 이름으로 별자리를 불렀다. 호주 원주민들과 잉카인들의 별자리 이름이 흥미로운데, 그들은 마치 어린아이가 구름 모양에서 동물을 보는 것처럼 별의 바다 속에서 동물을 봤다. 호주 원주민들은 커다란 에뮤(Emu)를 알아봤고, 잉카인들은 밤하늘을 뛰어다니는 재규어와 라마를 봤다.

◀ 남십자자리(Crux)는 남반구 하늘에서 쉽게 찾을 수 있는 별자리다. 그런데 십자가가 가오리연으로도 보인다.

늘 그 자리의 북극성

'북극성(Polaris)'은 아마도 밤하늘에서 가장 유명한 별일 것이다. 그런데도 의식적으로 북극성을 찾아보려고 하지는 않았을 것이다. 사실 이 별은 큰 오해를 받고 있다. 많은 사람이 생각하는 것과 달리 북극성은 엄청나게 밝은 별이 아니다.

북극성이 중요해진 이유는 밝아서가 아니라 천구상의 위치 때문이다. 이 별은 지구의 북극 바로 위에 위치하고 있다. 그래서 '북극성'이라는 이름을 갖게 됐다.

만약 여러분이 북극에 서 있다면 북극성은 머리 바로 위에서 찾을 수 있다. 지구의 자전으로 북극에서는 천체가 편평한 원형 궤도를 그리며 주위를 돌고 있는 것처럼 보이지만, 북극성은 거의 그 자리에 머물러 있다. 주변의 모

▲ 커다란 국자 모양을 포함한 큰곰자리는 북극성을 찾을 때 유용하다. 국자 앞부분의 냄비 모양 측면을 이어서 5배 정도 연장하면 북극성(사진의 우측 상단)에 이르게 된다.

북극성의 세대교체

지구 자전축이 북극성이 있는 방향과 거의 일치한다는 것은 순전히 우연이다. 더욱이 언제나 그랬던 것도 아니다. 우주에서 지구의 자전축은 수천 년에 걸쳐 매우 천천히 변하고 있다. 약 2,000년 전에는 용자리(Draco)의 알파별 투반(Thuban)이 북극성 역할을 했다. 앞으로 약 1만 2,000년이 지난 뒤에는 거문고자리(Lyra)의 베가(Bega)가 새로운 북극성이 될 것이다.

든 별이 북극성을 중심으로 회전하는 셈이다.

간단히 말하자면 북극성은 천구의 겉보기 중심점이다. 청명한 밤마다 볼 수 있으며 북쪽(자북)이 어디인지 알려 준다. 그래서 북극성을 나침반으로 활용할 수 있다. 방법만 알면 된다.

우선 북극성이 어디 있는지 찾아야 한다. 그러기 위해서 먼저 큰곰자리를 찾아보자. 큰곰자리에는 그 유명한 국자 모양의 7개 별이 있다. 찾았다면 그릇 역할을 하는 냄비 부분을 보자. 별 2개가 보일 것이다.

이제 냄비 측면 2개의 별을 길잡이로 사용할 수 있다. 이두 별 사이 거리를 5배 정도 연장하면 작은곰자리(Ursa Minor)의 알파별인 북극성에 도착한다. 엄청나게 밝지는 않아도 국자의 7개 별만큼은 밝다.

▲ 북극성은 지구 자전축의 연장선상에 있다. 사진에서 가운데 북극성은 매우 작은 원을 그리고 있다. 반면 다른 별들은 북극성 주위를 빙빙 도는 것처럼 보인다.

별자리 사계절

천구는 1년 내내 바뀐다. 각 계절마다 고유한 별자리들이 있다. 북반구의 경우 북극성을 중심으로 작은곰자리와 큰곰자리 그리고 카시오페이아자리 주변 별자리까지만 계속 볼 수 있다.

그래서 밤하늘의 별자리를 모두 보려면 1년의 시간이 필요하다. 사자자리와 처녀자리(Virgo)는 봄에는 보여도 가을에는 보이지 않는다. 백조자리(Cygnus), 거문고자리, 독수리자리(Aquila)로 이뤄진 이른바 '여름의 대삼각형'은 여름철에 잘 관찰할 수 있다.

마찬가지로 가을과 겨울에도 저마다 고유한 별자리가 있다. 가을에는 안드로메다자리(Andromeda), 페가수스자리(Pegasus), 물병자리를 찾을 수 있다. 겨울에는 황소자리(Taurus), 쌍둥이자리(Gemini), 오리온자리, 큰개자리의 별들이 밤하늘에 빛난다. '가을의 대사각형'이다.

눈치챘겠지만 계절마다 천구가 다르게 보이는 이유는 지구가 공전하기 때문이다. 태양의 시점에서 보면 해마다 지구는 항상 다른 곳에 위치하고 있다. 그렇기에 우리가 밤에 볼 수 있는 우주의 일부는 끊임없이 달라진다. 별들은 항상 태양을 등지고 있는 지구의 밤인 지역에서만 볼 수 있다.

다만 북극성과 그 주변 별자리들은 지평선 아래로 사라지지 않기에 1년 내내 볼 수 있다. 그러나 밤하늘에서 큰곰자리 위치도 계절마다 다르다. 봄에는 저녁마다 머리 위에 있지만, 여름에는 북서쪽에서 국자 모양을 찾을 수 있다. 가을에는 북쪽 지평선 근처에서 찾아야 하고, 겨울에는 북동쪽 하늘에 자리하고 있다.

달력과 천체

다음 쪽부터 차례대로 소개하는 4개의 천체 지도는 네덜란드의 저명한 천체 지도 제작자 빌 티리온(Wil Tirion)이 그린 봄, 여름, 가을, 겨울의 천체다. 천체 지도의 둥근 바깥쪽 가장자리는 수평선(4개의 나침반 방향을 표시)이고, 지도의 중심은 천정(우리 머리 바로 위 천체)이다. 이를 보고 약간만 연습하면 별자리와 가장 밝은 별을 쉽게 알아볼 수 있다. 단, 행성은 고정된 위치가 없으므로 표시하지 않았다.

◀ 청명한 겨울밤 천체의 모습. 오리온자리(오른쪽), 황소자리(오른쪽 위), 쌍둥이자리(왼쪽 위), 그리고 사진에서 가장 밝게 빛나는 시리우스(아래)가 보인다.

봄의 밤하늘

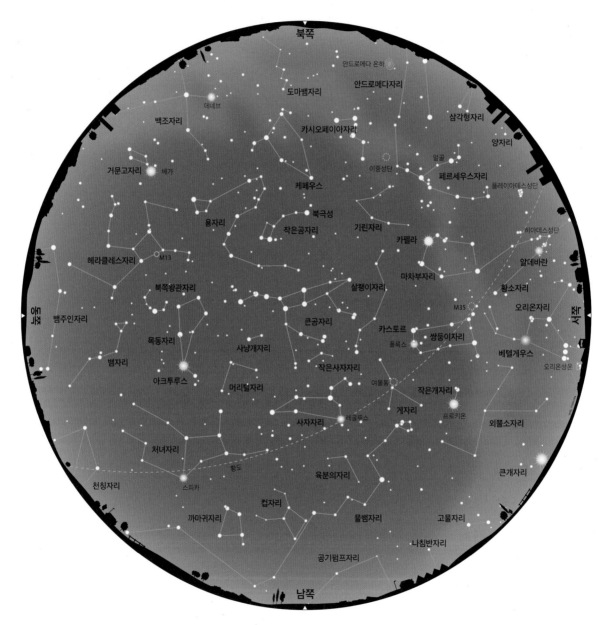

▲ 1월 중순 오전 4시, 2월 중순 오전 2시, 3월 중순 자정, 4월 중순 오후 11시에 유효한 봄의 천체 지도.

여름의 밤하늘

▲ 4월 중순 오전 5시, 5월 중순 오전 3시, 6월 중순 오전 1시, 7월 중순 오후 11시에 유효한 여름의 천체 지도.

가을의 밤하늘

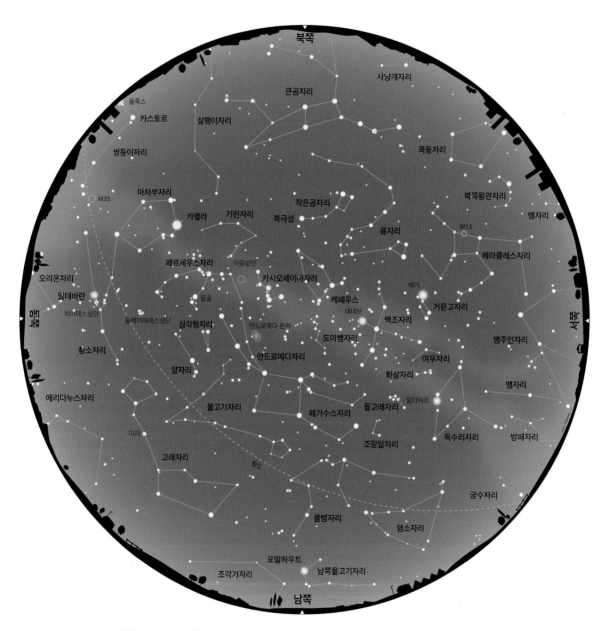

▲ 8월 중순 오전 3시, 9월 중순 오전 1시, 10월 중순 오후 11시, 11월 중순 오후 8시에 유효한 가을의 천체 지도.

겨울의 밤하늘

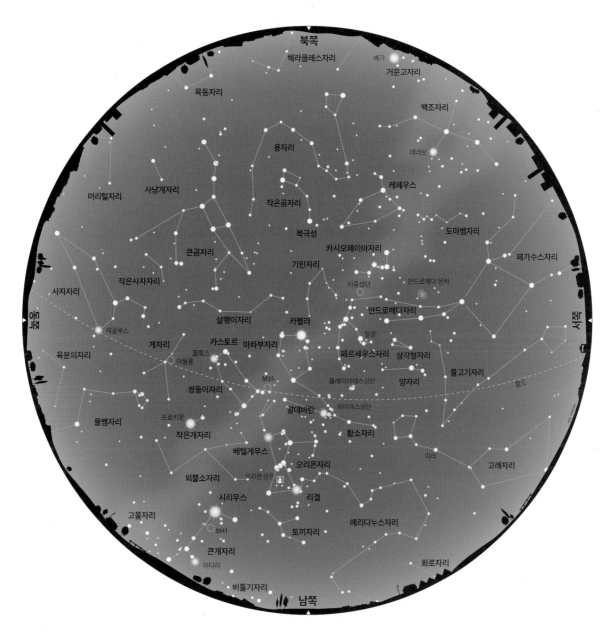

북쪽

헤라클레스자리
베가
거문고자리

목동자리
백조자리

용자리
데네브

머리털자리
사냥개자리
작은곰자리
케페우스

큰곰자리
북극성
도마뱀자리

카시오페이아자리
페가수스자리

작은사자자리
기린자리

이중성단
안드로메다 은하

사자자리
살쾡이자리
카펠라
안드로메다자리

레굴루스
게자리
카스토르
마차부자리
알골

육분의자리
폴룩스
여울통
페르세우스자리
삼각형자리

쌍둥이자리
M35
플레이아데스성단
양자리
물고기자리
황도

물뱀자리
프로키온
알데바란
히아데스성단

작은개자리
황소자리

베텔게우스
미라

외뿔소자리
오리온자리
고래자리

오리온성운

시리우스
리겔

고물자리
에리다누스자리

토끼자리

M41
화로자리

큰개자리
이다라

비둘기자리
남쪽

동쪽
서쪽

139

▲ 11월 중순 오전 2시, 12월 중순 자정, 1월 중순 오후 10시, 2월 중순 오후 8시에 유효한 겨울의 천체 지도.

나만의 별자리 찾기

어떤 사람들은 '별자리'라고 하면 '별자리 운세'에 나오는 황도 12궁의 별자리를 먼저 떠올린다. 예를 들어 7월 23일에서 8월 22일 사이에 태어난 사람은 '사자자리'다. 11월 말에 태어났다면 '궁수자리(Sagittarius)'다.

황도 12궁은 양자리(Aries), 황소자리, 쌍둥이자리, 게자리(Cancer), 사자자리, 처녀자리, 천칭자리(Libra), 전갈자리(Scorpius), 궁수자리, 염소자리(Capricornus), 물병자리, 물고기자리(Pisces)가 태양의 궤도(황도대)에 대응해 지구를 둘러싸는 띠를 형성한다.

수천 년 전, 누군가가 태어난 순간 태양의 위치에 많은 의미를 부여했다. 태어난 날 지구에서 본 태양이 사자자리에 있었다면 사자자리로 태어난 것이다. 사자자리는 강인한 성격을 상징한다. 천칭자리에 태어났다면 균형 잡힌 성격을 가진다고 믿는다.

그러나 그것은 태어난 시기에는 정작 자신의 별자리를 제대로 볼 수 없었다는 것을 의미했다. 태양이 생일의 별

▼ 황도 12궁 중 황소자리. 가운데 아래 주황색으로 빛나는 알파별 알데바란(Aldebaran)과 왼쪽 파랗게 빛나는 2개의 뿔인 게성운(Crab nebula) 및 엘 나스(El Nath), 그리고 오른쪽 위 플레이아데스성단(Pleiades cluster)이 보인다.

자리와 겹쳐 있었기 때문이다. 게다가 우주에서 지구의 위치는 지난 수천 년 동안 조금씩 변했다. 따라서 황도 12궁의 별자리는 현재의 별자리와 일치하지 않는다.

그래서 생일 약 4개월 전 저녁 시간대에 자신의 별자리를 가장 잘 볼 수 있다. 사자자리는 7월이나 8월이 아닌 3월이나 4월에 찾아야 보인다. 궁수자리는 가을이 끝날 무렵이 아니라 한여름에 볼 수 있다.

황도 12궁의 별자리라고 눈에 잘 띄는 것도 아니다. 황소자리, 쌍둥이자리, 사자자리는 밝은 별들을 갖고 있어서 쉽게 알아볼 수 있다. 하지만 게자리, 천칭자리, 염소자리는 거의 눈에 띄지 않는다. 실망스러울지 모르겠지만 12개 별자리 중 하나의 별자리에서 태어났어도 성격과는 아무런 관련이 없다. 운세와도 마찬가지다.

황도 13궁

태양의 겉보기 궤도(황도대)는 수천 년 전 점성가들이 12등분으로 나눴는데 그것이 황도 12궁이다. 이 별자리들은 황도대와 얼추 일치했다. 그러다가 1930년 국제천문연맹이 공식적으로 별자리의 구역을 결정했다. 이후 매년 11월 30일에서 12월 17일 사이 태양이 뱀주인자리(Ophiuchus)의 최남단 부분을 가로지르므로 뱀주인자리까지 포함해 '황도 13궁'이라는 주장이 제기됐다.

▼ 황도 12궁 중 사자자리. 오른쪽 사자의 머리 부분이 거울에 반전된 물음표를 닮은 오른쪽의 사자 머리 부분 아래 알파별인 레굴루스(Regulus)가 파랗게 빛난다. 왼쪽 끝 사자 꼬리 부분의 별은 베타별인 데네볼라(Denebola)다.

행성을 찾아서

여러분이 하늘에서 다른 별들보다 훨씬 눈에 띄는 밝은 별을 보게 된다면, 그것은 별(항성)이 아니라 행성일 가능성이 높다. 우리가 지상에서 육안으로 볼 수 있는 5개의 행성은 수성, 금성, 화성, 목성, 토성이다. 이들 행성은 스스로 빛나지 않지만, 지구와 마찬가지로 태양빛을 받아 밝게 보이며 태양 주위를 공전한다.

그 궤도 운동으로 우리는 하늘의 다른 곳에 있는 어떤 행성을 볼 수 있다. 하룻밤 사이에 아무것도 보이지 않을 수도 있는데, 그 행성이 다른 천체와 함께 움직이기 때문이다. 하지만 며칠 또는 몇 주가 흐르고 나면, 그 행성이 별들 사이에서 매우 느리게 움직이고 있는 모습을 볼 수 있다. 움직이기에 행성이다. 플래닛(planet)이라는 용어도 '떠돌이'를 뜻하는 그리스어에서 나왔다.

수성과 금성은 지구보다 태양 가까이에 있는 이른바 '내행성'이다. 일몰 후 저녁 서쪽 또는 일출 전 아침 동쪽에서 볼 수 있다. 수성은 크기가 작아 보기 어렵지만, 금성은 가끔 엄청나게 밝을 때가 있다. 겉보기에 금성은 태양과 달 다음으로 가장 밝은 천체다.

지구보다 바깥에서 태양을 공전하는 화성, 목성, 토성은 외행성이다. 지구 공전 궤도보다 바깥쪽에 있으므로 하늘에서 태양과 정반대에 위치하기도 한다. 이들 행성이 태양과 일직선이 되는 충(衝, opposition)의 위치에 오면 밤새도록 볼 수 있다. 그때는 지구까지의 거리가 가장 짧아서 더욱 밝아진다.

그런데 밤하늘에서 별과 행성은 어떻게 구분할 수 있을까? 약간의 연습과 경험이 필요하지만, 일단 여러분이 별자리를 알게 되면 어떤 밝은 별이 행성인지 아닌지 금방 알 수 있다. 게다가 화성은 눈에 띄는 주황적색을 띠고 있다. 목성과 토성은 황토색이다. 별과 행성을 구별하는 또 다른 방법도 있는데, 행성이 별보다 덜 반짝거린다는 것이다. 반짝임은 지구 대기의 공기 진동에 의해 발생하는데, 점 모양의 광원을 가진 별은 아주 작은 원 모양의 약간 더 넓은 광원을 가진 행성보다 대기의 영향을 더 많이 받아 더 반짝인다.

보이지 않는 행성

알다시피 토성 궤도 바깥에도 2개의 행성이 태양을 공전하고 있는데, 다름 아닌 천왕성과 해왕성이다. 그러나 너무 멀리 떨어져 있어 육안으로는 볼 수가 없다. 천왕성과 해왕성은 망원경이 발명되고 나서인 1781년과 1846년에 각각 발견됐다. 그래도 그 위치를 정확히 알고 있다면 고배율 쌍안경으로 볼 수 있다.

◀ 2019년 1월 21일 아침 여명 때 촬영한 금성(위)과 목성(아래)의 아름다운 하모니.

행성들의 모임

달과 행성들은 다른 천체 사이에서 고정된 자리를 갖고 있지 않다. 그래서 서로 근접하거나 밝은 별 근처에 있을 때 볼 수 있다. 이 행성 정렬 현상은 천체 사진가들에게 놓칠 수 없는 기회다.

행성 정렬은 언제나 황도 12궁 중 한 곳에서 일어난다. 달의 지구 공전궤도와 행성들의 태양 공전궤도가 거의 같은 일직선상에 놓이게 된다. 지상에서는 늘 천구의 좁은 띠인 황도대에서 천체들이 움직이고 있는 것을 보게 된다. 달이 오리온자리에, 토성이 큰곰자리에 있는 모습은 절대로 볼 수 없다.

황도 12궁의 별자리는 다른 많은 밝은 별을 포함하고 있다. 황소자리의 알데바란, 쌍둥이자리의 카스토르(Castor)와 폴룩스(Pollux), 사자자리의 레굴루스, 처녀자리의 스피카(Spica), 전갈자리의 안타레스(Antares) 등이 그런 별이다. 달은 정기적으로 이 별 중 하나에 인접한다. 행성 정렬 현상이 넓게 일어나면 눈에 띄지 않고, 좁아야 달빛과 더불어 밝게 빛난다.

행성은 별보다 밝게 보이므로 달과 행성이 정렬하면 훨씬 더 눈에 띈다. 특히 아침 여명 때와 저녁 황혼 때 일어나는 금성과 초승달의 정렬 현상은 매우 인상적이다. 목성과 같은 밝은 행성이 보름달에 가까이 근접해도 선명하게 볼 수 있다.

행성은 달보다 느리게 움직이기에 행성 정렬 현상은 여러 날 밤 동안 계속 관찰할 수 있다. 아주 이따금 3개의 행성이 천구상에 서로 근접할 때가 있다. 수성이나 금성과의 정렬 현상은 지평선 근처에서 박명 무렵에 자주 발생한다.

지구에서 봤을 때 달이 별이나 행성 앞을 지나갈 때가 있다. 이를 엄폐 현상이라고 부른다. 별이나 행성 엄폐 현상을 제대로 관찰하려면, 최소한 성능 좋은 쌍안경이나 망원경이 필요하다.

베들레헴의 별

신약성서 마태복음에서 특별한 '별'이 예수 탄생을 예고하며 동방박사들이 베들레헴으로 갈 수 있도록 빛을 비춰주는 내용이 나온다. 수 세기 동안 천문학자들은 그 천체 현상이 무엇이었는지 해답을 찾고자 노력했다. 혜성은 나쁜 징조로 여겨왔기 때문에 아닌 것 같다. 어떤 천문학자들에 따르면 베들레헴의 별은 기원전 2년 6월 17일에 목성과 금성의 매우 근접한 정렬 현상이었다.

▶ 2018년 5월 17일 저녁 황혼에 촬영한 초승달과 금성. 두 천체가 수로의 물 위에 거울처럼 비치고 있다.

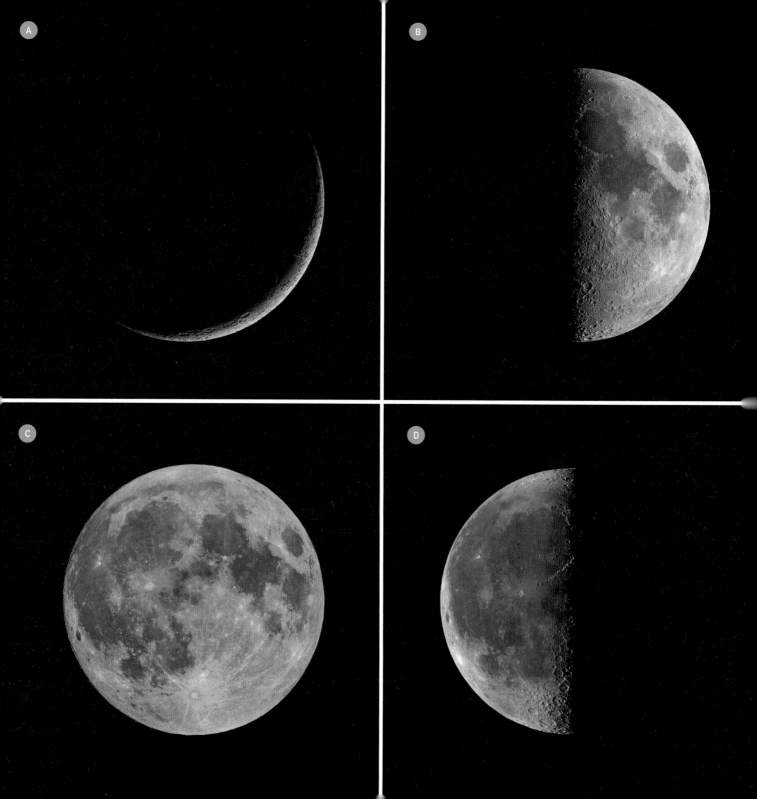

달의 변신

달은 밤마다 똑같은 모습으로 나타나지 않는다. 때로는 가볍고 얇은 초승달이었다가, 다음에는 반달로 변해 왼쪽 또는 오른쪽 반만 보인다. 보름달일 때는 완전히 둥근 모양을 취한다.

물론 달의 모양이 실제로 변하는 것은 아니다. 태양빛을 반사할 뿐이다. 그런데 모양 변화가 너무나도 뚜렷하다 보니 관심이 갈 수밖에 없다. 어쨌든 '달의 위상'은 흥미롭다. 우리는 항상 태양빛을 받아 다양한 모습으로 빛나는 달을 볼 수 있다.

태양이 달 바로 앞에서 빛을 비추면 달의 얼굴이 모두 드러나는데, 그것이 보름달이다. 달이 한쪽에서만 빛을 받으면 얼굴이 반쪽만 드러난다. 상현달과 하현달이다. 태양이 달 뒷면을 비스듬히 조금 비추면 우리는 눈썹 모양의 초승달을 보게 된다.

달의 위상주기는 약 29.5일이다. 이 주기는 신월(삭)에서 시작한다. 이때 달은 지구와 태양 사이에 있어 보이지 않는다. 며칠 후 서쪽 저녁 하늘에서 가늘고 긴 초승달이 나타난다.

다시 며칠(신월 후 약 1주일)이 지나면 달은 위상 주기의 1분기를 마치고 상현달이 된다. 오른쪽 절반만 태양 빛을 받아 빛난다. 상현달은 일몰 경 남쪽에 있다가 자정 무렵 서쪽 지평선 아래로 사라진다.

다시 1주일이 지나면 보름달이 된다. 해가 질 무렵 떠서 완전히 환하게 빛나는 달을 밤새 볼 수 있다. 또다시 1주일이 지나면 하현달이 된다. 이제 달의 왼쪽 절반만 빛나고 늦은 밤에만 보인다. 그렇게 또 며칠이 지나 동쪽 아침 하늘에서 지고 있는 초승달이 보이고, 모든 것이 신월과 함께 다시 시작된다.

어떤 반달인지 구분하기

달의 반쪽이 밝은 반달일 때, 그것이 상현달인지 하현달인지 어떻게 구분할까? 알아두면 유용한 방법이 있다. 알파벳을 이용하는 방법인데 반달이 'p'와 비슷하면 상현달이다. 'd'이면 하현달이다. 단점은 북반구에서만 적용된다는 것이다. 다행히 더 간단한 방법도 있는데, 이른 밤에 뜨면 상현달이고 늦은 밤에 뜨면 하현달이다. 이쪽이 더 쉬운 방법 같다.

◀ 4개의 달 이미지: 신월 직후(A), 상현달 때(B), 보름달 전후(C), 하현달 때(D).

빛나는 지구

신월이 있고 난 뒤 며칠이 지나면 아름다운 천체 현상이 나타난다. 이때 달은 일몰 직후 초저녁에 서쪽 하늘에서 매우 가늘고 긴 초승달로 나타난다. 눈썹 모양이기도 하고 잘라놓은 손톱 모양이기도 하다. 그도 그럴 것이 달 표면의 가장 오른쪽 가장자리만 태양으로부터 빛을 받아서 그렇게 보인다. 하지만 빛을 받지 않는 부분도 볼 수 있다. 물론 훨씬 덜 밝고 희미하다.

'지구반사광' 현상이 나타날 때 가능한 일이다. 날씨가 좋으면 신월 이후 4~5일 동안 볼 수 있다.

이와 관련해 "신월의 품에 안겨 있는 늙은 달"이라는 시적인 표현이 있다. 갓 태어난 초승달이 늙은(사라진) 달을 보듬어주는 모습을 표현한 것이다.

지구반사광 현상은 보기에도 아름답지만, 그 현상이 일어나는 이유를 알면 더 아름다워 보일 것이다. 그러기 위해서는 우리 자신이 달의 어두운 부분에 있다고 생각해야 한다.

우리가 그곳에 있다고 상상해보자. 태양은 달의 지평선 아래에 있어서 우리에게 보이지 않는다. 그렇지만 환하게 빛나는 지구는 하늘 높이(우주 높이) 떠 있다. 그래서 우리 주변은 완전히 어둡지 않고 달의 주변 풍경도 희미한 빛에 잠겨 있다.

우리는 지구에서도 이미 이와 비슷한 경험을 하고 있다. 보름달이 뜨면 아무리 한밤중이라도 덜 어둡고 주변 풍경도 희미하게 빛난다. 달에서 보면 지구가 그 역할을 하는 셈이다. 보름달 같은 밝고 둥근 지구가 떠 있어서 빛을 내고 있다. 햇빛을 반사할 뿐이지만 정말로 지구가 빛나는 것 같기에 지구반사광을 아예 '지구광'이라고도 부른다.

지구광 덕분에 초승달 주변이 보인다면, 그 빛이 거쳐온 길이 얼마나 특별한지 생각해보자. 태양에서 출발한 빛이 지구의 낮 지역에 떠 있는 구름에 반사돼 달로 이동하고, 달 표면에서 다시 반사돼 지구를 비추는 것이다.

달에서 바라본 지구

지구의 지름은 달보다 3.5배 이상 크다. 만약 우리가 달 위에 서 있다면, 지구에서 보름달을 보는 것보다 3.5배나 더 큰 지구가 달의 하늘에 떠 있는 모습을 보게 된다. 게다가 지구는 바다와 구름이 있어서 달보다 훨씬 더 햇빛을 잘 반사한다. 따라서 달에서 바라본 '보름달 같은 지구'가 지구에서 바라본 '보름달'보다 훨씬 밝고 아름답다.

▶ 2019년 12월 말 이란의 호르무즈(Hormuz) 섬에서 포착된 지구반사광 현상. 달 오른쪽으로 토성도 보인다.

낮은 달 높은 달

신월이 지나고 며칠 뒤 일몰 후 약 1시간 후가 되면 서쪽 저녁 하늘에서 보이는 길고 가느다란 초승달이 보인다. 그런데 같은 초승달이라도 가을보다 봄에 훨씬 더 하늘 높이 떠 있게 된다. 우주에서의 지구 기울기와 관련이 있는 현상이다.

지구에서 보면 태양, 달, 행성들은 언제나 황도 12궁 별자리 중 한 곳에 있다. 태양계에 있는 천체들이 대체로 하나의 편평한 평면에서 움직이기 때문이다.

하지만 지구의 자전축은 그 편평한 평면에서 수직을 이루고 있지 않다. 이 때문에 우리는 지구에서 언제나 지평선과 같은 각도로 황도대를 볼 수만은 없다.

3~5월 저녁에 황도대는 지평선과 거의 수직을 이룬다. 이때 우리는 일몰 직후 서쪽 하늘에 높게 떠 있는 초승달을 볼 수 있다. 밤이 시작될 때 볼 수 있는 행성들도 마찬가지다.

9~11월 밤에 황도대는 훨씬 더 편평하다. 그래서 해가 지면 달과 행성들이 남서쪽 지평선 근처에 떠 있기에 잘 보이지 않는다.

아침에는 정반대다. 줄어드는 초승달(신월이 뜨기 며칠 전)은 봄보다 가을에 일출 직전 훨씬 더 잘 보인다. 밤이 끝날 때 볼 수 있는 행성들도 마찬가지다.

그러나 열대 지역의 관찰자들에게는 거의 차이가 없다. 그곳에서 황도대는 지평선과 항상 수직을 이루기 때문에, 서쪽 저녁 하늘의 젊은(차오르는) 초승달이든, 동쪽 아침 하늘의 늙은(줄어드는) 초승달이든 길고 가느다란 초승달이 항상 선명하게 보인다. 같은 이유로 작은 내행성인 수성은 네덜란드보다 열대 지방에서 훨씬 더 쉽게 볼 수 있다.

> **초승달 보트**
>
> 네덜란드에서 뜨는 젊은 초승달은 어느 정도 똑바로 서 있는 모양이다. 봄에 약간 뒤로 기울어졌다가 가을에는 거의 수직으로 선다. 그런데 남쪽 지역으로 갈수록 달이 누운 것처럼 보인다. 스페인, 이탈리아, 그리스 남부에서 바라보면 확연히 그런 모습이다. 열대 지역에 가본 적이 있다면 물 위에 보트처럼 초승달이 등을 대고 누워 있는 모습을 봤을 것이다. 그보다 더 남쪽, 그러니까 남반구로 넘어가면 초승달이 하늘에 거꾸로 떠 있다.

◀ 동화 속에 나오는 쪽배와 같은 초승달. 초승달 위로 금성이 보인다.

고고한 겨울 보름달

보름달이 뜨면 밤새 하늘에서 달을 볼 수 있다. 물론 놀라운 일은 아니다. 보름달이 태양의 정 반대편에 있기 때문이다. 이로 인해 달이 완전히 둥글게 빛난다. 이는 보름달이 일몰 때 뜨고 다음 날 아침 태양이 나타나면 지평선 아래로 사라진다는 것을 뜻한다. 자정 무렵 보름달은 남쪽 하늘에서 가장 높은 지점에 도달한다.

그런데 보름달의 가장 높은 지점이 늘 똑같지는 않다. 젊은 초승달이 그러는 것처럼 보름달도 다른 때보다 한밤중 하늘에 훨씬 더 높이 떠 있을 때가 있다. 여름에는 큰 주황색 풍선처럼 남쪽 지평선 근처에 매달려 있지만, 한겨울 밤에는 은백색의 환한 조명이 되어 우리 머리 바로 위에 떠 있는 것처럼 느껴질 것이다.

보름달은 여름보다 겨울에 훨씬 하늘 높은 곳에 떠 있다. 보름달이 태양의 반대편에 있다는 것을 다시 한번 떠올려보자. 한겨울의 보름달은 한여름의 태양처럼 행동하고, 그 반대의 경우도 마찬가지다. 그리고 우리는 태양이 항상 지평선 위 같은 높이에 도달하지 않는다는 사실을 알고 있다.

한여름 태양은 정오에 황소자리와 쌍둥이자리의 경계 지역 하늘에 높게 떠 있다. 그러면 보름달은 천체의 반대편인 전갈자리와 궁수자리의 경계 지역에 있다. 이 별자리들은 여름밤에 지평선 근처에 떠 있다.

6개월이 지나 겨울이 되면 정반대의 상황이 된다. 이제 태양은 전갈자리와 궁수자리의 경계 지역에 자리를 잡아서 한낮에도 하늘 낮게 떠 있다. 반면 보름달은 이제 한밤중에 하늘에서 매우 높이 있는 별자리인 황소자리와 쌍둥이자리에 근처에 있다.

한겨울 보름달이 모두 같은 높이에 있는 것은 아니다. 지구 주위를 공전하는 달의 궤도는 태양 주위를 도는 지구의 공전궤도와 비교해 몇 도 정도 기울어져 있다. 그로 인해 만약 모든 것이 순조로울 경우 네덜란드 중부 지역의 한겨울 보름달은 수평선 위로 66.5도까지 올라갈 수 있다. 다른 경우에는 56.5도 이상으로 올라가지 않는다.

> ### 추수의 달
> 가을이 시작될 무렵인 9월 말에 뜨는 보름달을 '추수의 달(Harvest Moon)'이라고 부른다. 1년 중 그때 달이 며칠 밤을 계속해서 초저녁 동쪽 하늘에 떠 있다. 그러면 일몰 후 거의 1주일 동안 추가로 광원을 확보하는 셈이 된다. 그 덕분에 농부들이 저녁 황혼까지 시간이 오래 걸리는 작물 수확 작업을 계속할 수 있다.

▶ 알프스의 눈 덮인 산봉우리 위로 차오른 상현달. 겨울에는 보름달이 한밤중에 늘 하늘 높이 떠 있다.

달무리

햇빛은 다양한 아름다운 광학 현상의 원인이지만, 달에 햇빛이 반사되는 것도 그렇다. 여러분이 만약 어두운 시간에 하늘에서 달을 찾는다면, 때때로 달 주위에 나타난 동그란 테를 관찰 할 수 있다. 2개의 다른 테가 보일 수 있는데, 하나는 달에 가까이 있고 하나는 더 먼 거리에 있다. 만약 달 주위의 테가 22도에 있다면, '햇무리'와 마찬가지로 '달무리'라고 부른다(90쪽 참조). 달무리는 햇무리나 무리해 테의 무지갯빛보다는 색깔이 덜 뚜렷하다. 달무리의 경우 안쪽은 희미한 붉은 빛을 띠고 바깥쪽은 희미한 푸른색을 띤다.

보름달에 더 가깝게 빛의 테가 형성된 모습을 더 자주 볼 수 있는데 이때는 달무리가 아니라 '코로나'다. 개기일식이 일어나는 동안 볼 수 있는 태양의 코로나와 혼동하지 말자(71쪽 참조). 이 코로나의 경우에도 희미한 색깔을 볼 수 있는데, 달무리와 반대로 바깥쪽이 붉은색을 띠고 안쪽이 푸른색을 띤다. 달의 코로나는 엷은 구름층이 물방울을 갖고 있을 때 볼 수 있다.

예전에는 달무리를 날씨 악화의 징조로 여기기도 했다. 특히 달 주위 작은 테와 함께 큰 테가 나타날 때 그랬다. 이와 관련한 속담이 생겼다. 한 번쯤은 들어봤을 것이다.

- 달무리가 보이면 비가 억수같이 내린다.
- 달무리가 보이면 누군가 물에 빠져 죽는다.
- 달무리가 보이면 홍수가 난다.

비와의 연관성은 달무리를 보이게 만드는 구름층과 관련이 있다. 공기 중에 수분이 많다는 표시다. 만약 더 나쁜 날씨를 가진 전선이 형성되면 때때로 상층 공기층에서 변화가 시작된다. 공기는 더 습해지고 얼음 알갱이가 형성돼 권층운이 만들어진다. 달무리는 그 구름층에서 보이게 된다. 그런데 상층운의 권층운이 더 두꺼워지고 나면 그 다음에는 하층운의 구름도 증가해 달무리가 더이상 보이지 않게 된다.

그러므로 달무리와 날씨를 연관시키는 속담은 별로 신빙성이 없다. 달무리는 물방울을 가진 엷은 구름층에서 주로 볼 수 있다. 기상 악화에 직접적인 요인이 되지 못한다. 그런데도 여전히 많은 사람이 달무리가 보이면 비가 온다고 믿는다. 조심해서 나쁠 건 없으니 크게 말릴 이유도 없다.

▶ 달의 코로나와 달무리는 다르다. 안쪽과 바깥쪽의 색깔로 구분할 수 있다. 달 주위의 작은 테는 코로나다(위). 달 주위의 큰 테는 달무리다(아래).

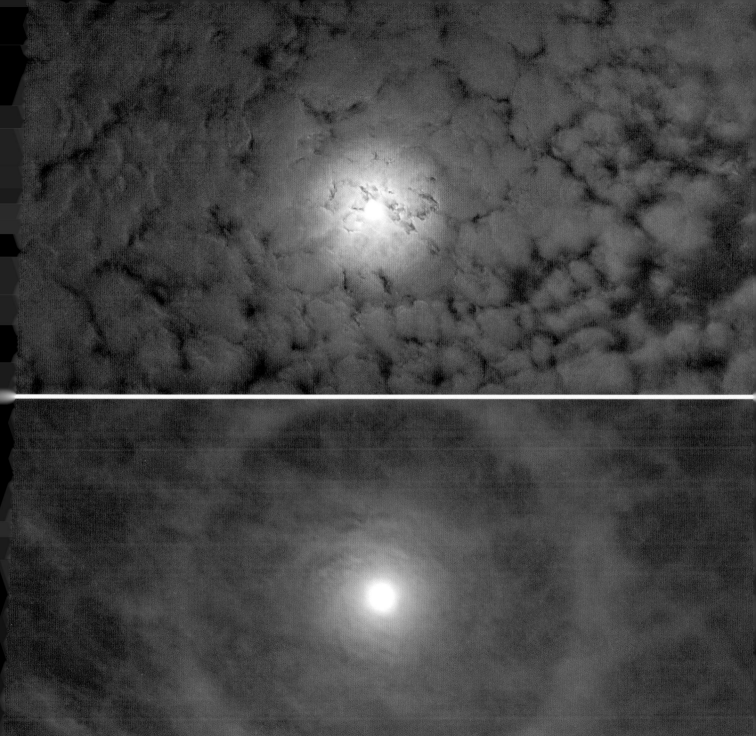

달 착시와 슈퍼문

보름달이 지평선 근처에 떠 있을 때는 커 보이고 하늘 높이 떠 있을 때는 작아 보인다고 느낀다. 정말 그럴까? 사실은 그렇지 않다. 보름달이 거대해 보이는 것은 착시 현상이다. 실제로 달은 달이 떠오른 직후의 크기와 몇 시간 뒤 하늘 높이 떠 있을 때의 크기가 정확히 똑같다.

간단한 실험을 해보면 금세 알 수 있다. 엄지와 검지 사이에 동전을 잡은 다음 팔을 뻗어 보름달 크기와 동전 크기를 비교해보자. 보름달이 낮게 떠 있을 때와 하늘 높이 떠 있을 때 각각 그렇게 해보자. 전혀 차이가 없다는 사실을 알게 될 것이다.

'달 착시'는 멀리 떨어져 있는 교회 첨탑이나 나무 등 익숙한 사물들이 있는 지상 풍경과 낮게 떠 있는 달을 같은 시야로 바라볼 때 일어난다. 사물들과 비교해 커 보이는 것이다.

그런데도 보름달의 크기가 정말로 커 보일 때가 있다. 실제로 어떤 때는 달의 겉보기 지름이 평균보다 약간 더 크거나 조금 더 작다. 보름달이 유난히 크게 보일 때 우리는 이를 '슈퍼문(Super moon)'이라고 부른다.

그런 변화가 생기는 까닭은 달의 지구 공전궤도인 '달 궤도'가 완전한 원이 아니라 타원형이기 때문이다. 달이 궤도의 가장 먼 지점(원지점, apogee)에 있을 때는 지구까지의 거리가 가장 가까운 지점(근지점, perigee)에 있을 때 보다 작아 보인다.

보름달이 근지점에 있을 때 슈퍼문이 된다. 이 현상은 1년에 한두 번 일어난다. 이때 달의 겉보기 지름은 평균보다 약 7% 더 크다. 보름달이 원지점에 있을 때보다는 무려 14%나 더 크다. 그러나 실제로 그 차이는 거의 없다. 한 번에 하나의 달만 보므로 비교할 대상이 없기 때문이다. 슈퍼문이라고 하니까 그런가 보다 하는 것이다.

슈퍼문은 또한 겉보기 밝기가 평소보다 15% 정도 더 밝다. 지구의 조석간만의 차 또한 슈퍼문일 때 더욱 커진다. 밀물과 썰물은 달이 지구의 바다에 미치는 중력 작용으로 생기는데, 당연히 지구와 달 사이의 거리가 가까울수록 강하다.

슈퍼문 마케팅

사실 '슈퍼문'이라는 용어는 미디어를 통해 몇 년 전부터 유행하게 됐다. 정작 천문학자들은 이런 관심에 부정적이다. 매우 희귀하고 눈을 사로잡는 천체 현상이라는 잘못된 인상을 심어주기 때문이다. 물론 슈퍼문에 대한 과장된 정보 덕분에 많은 사람이 천체에 관심을 갖게 된 측면도 있다. 나쁘게 볼 필요는 없을 것 같다.

◀ 낮게 떠 있는 보름달은 '달 착시' 현상으로 꽤 크게 보인다. 정말로 겉보기에 평소보다 더 클 때도 있다. 이를 '슈퍼문'이라고 부르는데 정식 명칭은 아니다.

흔들리는 달

우리가 달을 바라볼 때 아무리 노력해도 볼 수 없는 게 있다. 다름 아닌 우리는 늘 달의 같은 면만 본다는 사실이다. 달은 우리에게 뒷모습을 보여주지 않는다. 달에 앞뒤가 있는 것은 아니지만, 우리는 항상 똑같은 그 반쪽 면을 달의 앞면이라고 부른다.

달의 한쪽 반구만 볼 수 있기에 얼핏 달이 자전을 하지 않는다고 생각할 수도 있다. 실제로는 자전을 하지만, 자전 시간이 지구를 한 바퀴 도는 공전 시간과 정확히 일치한다. 이를 '동기궤도(synchronous orbit)'라고 하는데 지구와의 힘겨루기인 '조석력(tidal force)'의 결과다.

달이 자전하지 않는다면 지구에서 볼 때 늘 같은 위치를 유지할 것이고, 달이 공전하는 과정에서 필연적으로 달의 이면도 보이게 된다. 지구를 한 바퀴 도는 동안 우리가 '달의 어두운 면'이라고 잘못 부르는 부분도 결국 드러날 것이다. 그런데 지구를 공전하는 속도와 같은 속도로 자전하고 있기에 달의 보이지 않는 반구는 언제나 '달의 어두운 면'으로 남게 된다.

표현은 '반'이라고 하지만, 사실 우리는 지구에서 달 표면의 '59%'를 볼 수 있다. 절반이 조금 넘는다. 앞서 언급했듯이 달이 지구를 정확히 원형으로 돌지 않고 타원형을

그리며 공전하기 때문에 달에서 지구까지의 거리는 물론 궤도 속도도 달라진다. 달이 지구에서 멀어지는 동안에는 궤도 속도도 약간 느려진다.

그런데도 달은 일정한 속도로 자전한다. 따라서 약간의 편차가 발생하는데 이때 반구 근처 일부가 보이게 된다. 그러나 딱 거기까지다. 더는 보여주지 않고 처음 모습으로 돌아간다. "더는 안 돼"라고 고개를 가로젓는 것 같다. 어쨌든 지구에서 보면 이따금 가장자리 주변의 아주 작은 부분이 드러난다.

우리가 '바다'라고 부르는 달 표면의 수많은 크레이터(crater) 중 오른쪽 가장자리에 있는 부분을 눈여겨보면, 전문 용어로 '칭동(秤動, libration)'이라 부르는 달의 느린 흔들림을 발견할 수 있다. 그 부분에 있는 크레이터가 '위난의 바다(Mare Crisium)'인데, 때로는 가장자리에 조금 더 가깝게 있다가 때로는 조금 더 멀리 위치해 있기도 한다.

곁눈질하는 달
달의 왼쪽 가장자리에는 '동쪽의 바다(Mare Orientale)'라는 거대한 크레이터가 있는데, 눈에 띄는 동그란 모양 탓에 마치 곁눈질하는 것처럼 보인다. 이 크레이터는 지름이 무려 930km에 이르지만, 지구에서 보면 그저 작고 동그란 점일 뿐이다.

▶ 탐사선 갈릴레오가 촬영한 사진. 왼쪽 밝은 부분이 늘 지구를 향하고 있는 '앞면'이며, 오른쪽은 지구에서 절대로 볼 수 없는 '뒷면'이다.

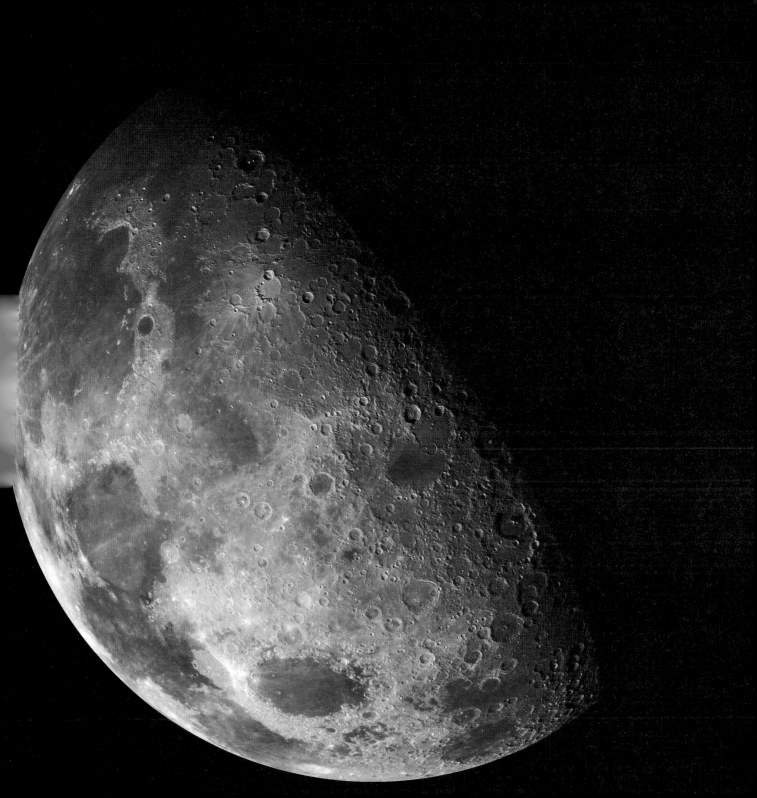

문워크

'문워크(Moonwalk)'라고 하면 마이클 잭슨의 그 유명한 춤 동작이 먼저 떠오를지도 모르겠다. 그런데 달 자체가 우주를 천천히 거닐고 있는 모습을 볼 수 있다는 사실은 아마도 몰랐을 것이다.

일반적으로 달은 하룻밤 사이에 다른 천체와 함께 동쪽에서 서쪽으로 움직인다. 이 일주운동은 축을 중심으로 지구가 자전한 결과다. 따라서 태양, 별, 행성들과 같이 달 또한 동쪽에서 떠올라 남쪽 지평선 위 가장 높은 위치에 도달한 다음 다시 서쪽으로 진다.

하지만 달은 이와 동시에 약 4주에 한 번 지구를 공전하며, 반대 방향인 서쪽에서 동쪽으로 움직인다. 지구에서 보면 달은 매우 천천히 왼쪽으로 위치가 바뀐다. 달이 월요일 저녁 황소자리에 위치한다면, 수요일 저녁에는 쌍둥이자리에 있게 된다.

달은 24시간마다 약 13도 각도로 움직인다. 새끼손가락과 집게손가락만 남기고 나머지 손가락을 접어 뿔 모양을 만들었을 때, 새끼손가락과 집게손가락 사이의 거리 정도라고 보면 된다. 이틀 밤 연속해서 달의 위치를 살피면 그 사실을 명확하게 알 수 있다.

그러나 그 움직임이 겉보기에는 너무 느려서, 달을 그냥 바라만 보는 것은 현명한 방법이 못 된다. 달이 하늘의 밝은 별이나 행성에 가까이 있을 때 관측하면 잘 볼 수 있다. 초저녁 달과 행성 사이의 겉보기 거리는 여전히 멀지만, 하룻밤 사이에 달과 행성이 어떻게 점점 가까워지는지 확인할 수 있다. 달의 궤도운동을 목격하고 있는 것이다. 게다가 실제로는 매우 빠르다. 초당 평균 약 1km 속도로 움직인다.

개기일식(71쪽 참조)이 일어나는 동안에도 달의 이동이 눈에 잘 띈다. 일식이 시작될 때부터 달이 태양 앞을 완전히 이동하는 데 평균적으로 약 1시간 30분이 필요하기 때문이다.

멀어져가는 달

두 번째 유형의 '문워크'도 있는데, 달이 지구에서 매우 천천히 멀어지는 형태다. 달의 궤도가 완벽한 원형이 아니라 타원형이기 때문에 달과 지구 사이의 거리는 약간씩 변한다. 두 천체 사이의 평균 거리(약 38만 4,400km)는 매년 약 4cm씩 증가하고 있다. 손톱이 자라는 속도와 거의 비슷하다. 이렇게 굉장히 느리게 멀어지는 것도 지구와 달 사이의 조석력이 작용해서다.

◀ 지구에서 보는 달이 목성 같은 밝은 행성에 가까워지면, 우리는 30분 동안 달의 이동을 관찰할 수 있다.

달을 먹는 지구

일식이 있다면 '월식(月蝕, lunar eclipse)'도 있다. 태양, 지구, 달이 다른 형식으로 정확히 일직선상에 있을 때 특별한 천체 현상이 일어난다. 바로 '개기월식'이다. 월식이 일어나는 동안 보름달은 지구의 그림자를 통과한다. 즉, 지구가 달을 가린다. 그래서 월식이 일어나는 동안에는 달에 직사광선이 비치지 않는다. 월식이 나타나면 밤 상태인 지구의 모든 반구에서 볼 수 있다.

월식이 특이한 것은 달이 시야에서 완전히 사라지지는 않는다는 점이다. 태양의 직사광선은 닿지 않아도 지구 대기를 통과하면서 걸러진 약간의 붉은 햇빛이 여전히 달에 도달한다. 이로 인해 완전히 가려진 달은 마치 유령 같은 희미한 주홍빛을 띠게 된다. 이를 '핏빛달'이라는 뜻으로 '블러드문(blood moon)'이라고 부르기도 한다. 당연한 말이지만 환한 달빛의 방해를 덜 받기에 개기월식이 일어나는 동안에는 다른 별들이 더 잘 보인다.

보름달일 때마다 월식이 일어나지 않는 이유는 달의 공전 궤도가 지구보다 약간 기울어져 있기 때문이다. 따라서 달은 지구그림자를 벗어난 아래 또는 위를 통과한다. 지구의 그림자에 걸쳐지면 '부분월식'이다. 이때는 달의 일부만 지구그림자에 들어가 있고 나머지 표면은 여전히

직사광선을 받는다.

이른바 '반영월식'도 있는데, 그리 특별한 광경을 연출하지는 않는다. 태양이 아무리 멀리 있어도 지구보다 훨씬 더 크기 때문에 지구와 달이 일직선상에 있을 때 그림자가 이중으로 생긴다. 달이 지구의 본그림자에 가려지면 개기월식이나 부분월식이 나타나지만, 본그림자 주변의 반그림자(반영)에 가려질 때도 있다. 이때가 반영월식이

다. 반영월식이 일어날 때는 보름달 위에 일종의 회색 필터가 걸려 있는 것처럼 보인다.

물론 개기월식 때에도 달은 먼저 지구의 반그림자를 통과한다. 효과가 약해서 티가 잘 나지 않을 뿐이다. 그런 뒤 지구의 본그림자 속으로 이동해 월식이 일어난다. 날씨만 좋으면 개기월식을 1시간 30분 이상 관찰할 수 있다. 월식이 끝나면 다시 지구의 반그림자를 거쳐 그림자 밖으로 벗어난다.

일찍이 깨달은 지구가 둥글다는 사실

고대 그리스인들은 지구가 구형 천체라는 사실을 알았다. 그들은 월식을 관찰할 때 이를 유추했다. 확실히 월식이 일어나는 동안 지구그림자가 원형인 것을 볼 수 있다. 나아가 그리스인들은 기하학 지식 덕분에 언제나 둥근 그림자를 만드는 형태가 구체라는 사실을 알고 있었다.

▲ 개기월식이 일어나는 동안 보름달은 지구그림자를 통과한다. 최대식일 때, 걸러진 일부 붉은색 햇빛만 달에 도달한다.

공해가 되는 빛

누구에게나 가끔은 아름답고 인상적인 천체를 볼 기회가 생긴다. 인적(건물)이 없는 곳에 있을 때, 오지에서 야영할 때 문득 밤하늘을 올려다본 순간 잊지 못할 경험을 하게 된다.

그러나 대도시에서는 그런 경험이 거의 불가능하다. 티없고 청명한 밤하늘을 볼 수 없어서가 아니다. 대도시에서 천체가 보이지 않거나 너무 흐릿하게 보이는 것은 건물, 도로, 네온 사인에서 나오는 과도한 불빛으로 인한 '광공해' 때문이다.

아무리 깨끗한 밤하늘이더라도 가로등과 온갖 조명 때문에 어둡지 않다. 그 때문에 안 그래도 그리 밝지 않은 별들은 시야에 잡히지 않는다. 그저 소수의 매우 밝은 별빛만 남을 뿐이다.

우리가 사는 곳의 광공해 수준이 어느 정도인지 쉽게 알아보는 방법이 있다. 어디에 가도 곧장 찾을 수 있는 별하나를 선택해보자. 속이 뻥 뚫린 두루마리 휴지 심 등으로 그 별을 보고 둥근 시야에 몇 개의 별이 들어오는지 세어보자. 그런 뒤 도심의 인공조명에서 멀리 떨어진 장소를 찾아 똑같이 해보자.

광공해는 인구 밀도가 높을수록, 건물이 많을수록, 조명 밝기가 밝을수록 심해진다. 도시가 발달하면서 시골 지역 말고는 별을 잘 볼 수 있는 어두운 장소를 찾기 어려워졌다. 별을 보고자 그런 장소를 일부러 찾아가기란 너무 수고스러운 일이다. 그러니 모처럼 인적 드문 곳에 볼 일이 생기게 되면 기회를 놓치지 말고 하늘을 올려다보자.

다행히 네덜란드에서는 시민들의 정서를 염려했는지 여러 노력이 이뤄지고 있다. 테르스헬링(Terschelling) 섬의 보쉬플라트(Boschplaat)와 라우베르스메이르(Lauwersmeer) 국립공원은 '어두운 밤하늘 공원(Dark Sky Parks)'으로 지정됐다. 이곳에서는 밤의 어둠이 적극적으로 보호될 것이다.

산소와 시력

광공해가 없는 드높은 산꼭대기에 위치한 천문대에서 별을 보면 육안으로도 천체의 아름다움을 온전히 만끽할 수 있다고 여길지 모르겠다. 하지만 실제로는 그렇지 않아 실망할 것이다. 높은 고도에서는 혈액 속 산소가 부족해서 망막의 간상세포와 원추세포가 둔감해진다. 물론 천체망원경의 렌즈는 고도나 산소 농도에 아무런 영향을 받지 않는다. 만약 여러분이 눈으로 직접 완벽한 천체의 모습을 보고 싶다면, 높은 산보다는 사막 한가운데에 앉아서 올려다보는 것이 최선이다. 고도가 높지 않기에 산소도 충분하고, 문명 세계에서 멀리 떨어져 광공해 영향도 없는 사막 말이다.

▶ 광공해 때문에 특수한 관측 장비가 없다면 밤하늘의 천체를 제대로 볼 수 있는 곳이 거의 없다.

| 별이 흐르는 강

'은하수(Milky Way)'를 마지막으로 본 적이 언제인가? 은하수는 캄캄하고 달조차 없는 밤에 하늘을 수놓고 있는 빛의 띠다. 이 은하수가 다름 아닌 '우리은하(Galaxy)'의 모습이다. 하지만 아마도 여러분 중에는 아직 은하수를 보지 못한 사람이 많을 것이다. 엄청난 광공해 때문에 도시에서는 그 모습을 보기 어려운 데다, 봤더라도 그저 희뿌연 구름 정도로 치부했을 것이기 때문이다.

모든 고대 인류의 문화는 은하수에 익숙했다. 사후 세계로 통하는 길이라고도 여겼다. 흐릿한 빛의 정체가 무엇인지는 아직 알 수 없었다. 오늘날 우리는 은하수의 흐릿하고 길게 뻗은 빛의 띠가 실제로는 어마어마하게 많은 별의 집합이라는 사실을 알고 있다.

대도시 하늘에서 제대로 된 모습의 은하수를 보는 것은 쉽지 않은 일이지만, 그래도 쌍안경만 있으면 어느 정도 느낌은 얻을 수 있다. 그러려면 달빛의 방해를 받지 않는 어두운 지점을 찾아야 한다. 북반구에서는 1년 중 비교적 가을철에 은하수를 잘 볼 수 있다. 밤 동안 우리 머리 위 하늘인 천정을 기준으로 북동쪽에서 남서쪽으로 펼쳐 있다.

은하수는 우리은하의 '내부 단면'이다. 이때 태양은 이 편평한 별들의 원반 바깥 부분에 위치한다. 원반의 위나 아래로는 별이 별로 없다. 우리은하에 속한 별들이 우주의 비슷한 층에 편평하게 분포해 있어서 그렇다.

전갈자리와 궁수자리 방향을 바라보면 은하의 중심을 보는 셈이다. 우리은하를 구성하는 대부분의 별들이 그쪽에 자리하고 있다. 별이 무수히 많기에 그 중심은 그리 잘 보이지 않는다.

북반구에서는 전갈자리와 궁수자리가 지평선 위로 높이 떠 있지 않다. 이 별자리들은 여름에 볼 수 있는데, 공교롭게도 여름에는 밤이 그렇게 어두워지지 않는다. 이는 은하수를 관찰하기에 남반구가 더 적합하다는 것을 의미한다. 세계적으로 유명한 천문대들이 북반구보다는 적도 남쪽에 더 많은 이유이기도 하다.

젖의 길과 겨울의 길

은하수의 영어명 '밀키 웨이(Milky Way)'는 라틴어 '비아 락테아(Via Lactea)'를 번역한 것으로 '젖의 길'이라는 뜻이다. 로마 신화에서 미네르바(Minerva)가 들판에 버려진 유피테르(Jupiter)의 사생아 헤르쿨레스(Hercules)를 데려와 유피테르의 아내 유노(Juno)에게 젖을 먹여달라고 부탁한다. 이에 유노가 마지 못해 젖을 물리는데, 아이가 어찌나 힘이 세던지 깜짝 놀라 뿌리친다. 이때 흘러나온 유노 여신의 젖이 은하수가 됐다는 이야기다. 한편 스칸디나비아 지역에서는 겨울에만 은하수를 볼 수 있을 정도로 어두워지기에 스웨덴에서는 '겨울의 길'이라는 뜻의 '빈테르가탄(Vintergatan)'이 은하수가 됐다.

◀ 여름 하늘의 은하수. 오른쪽 아래 궁수자리 방향으로 밝게 두드러진 우리은하의 중심이 보인다.

황홀한 밤하늘 여행

천체를 계속 관찰하다 보면 황홀하기까지 하다. 어떤 별자리는 밤 동안 계속 그리고 1년 내내 볼 수 있다. 그런데 천체 지도나 천문 연감 또는 천문 앱의 도움을 받아 특별한 별, 성운, 성단을 찾아볼 수도 있다. 이때에도 쌍안경이 매우 유용하다.

일테면 큰곰자리의 국자 모양 7개 별 중에서 국자 손잡이 끝 두 번째 별인 '미자르(Mizar)'를 자세히 살펴보자. 이 별은 이른바 '쌍성'으로, 바로 옆에 희미한 작은 별인 '알코르(Alcor)'를 발견할 수 있다. 알코르는 수천 년에 걸쳐 그 주위를 공전하고 있다. 알코르는 겉보기 등급 5등성이라 시력이 굉장히 좋은 사람만 볼 수 있다.

'변광성'도 있다. 주기적으로든 아니든 간에 밝아졌다가 어두워졌다가를 반복하는 별이다. 변광성으로 유명한 별은 가을철 별자리인 페르세우스자리의 '알골(Algol)'이다. 알골은 3일에 한 번씩 몇 시간 동안 평소보다 3배 더 희미해진다. 상대적으로 차가운 별인 알골이 공전하면서 한 번씩 밝은 별 앞을 지나가기 때문이다.

밤하늘에서 가장 아름다운 성단은 '일곱자매별(Seven Sisters)'로 알려진 '플레이아데스성단'일 것이다. 황소자리에서 알파별 알데바란(Aldebaran)을 기준으로 오른쪽 위에 위치한 무리별이다. 나이가 약 1억 년이지만 천문학적 기준으로는 매우 젊은 편이다. 별이 7개 모여 있는 것 같지만, 쌍안경을 통해 잘 살피면 각각 하나의 별이 아니라 수많은 작은 별들이 모여 있음을 알 수 있다.

겨울철 오리온자리에서 눈에 띄고 쉽게 찾을 수 있는 '오리온성운(Orion nebula)'도 흥미로운 천체다. '오리온자리 가스성운'이라고도 부르는데, 거대한 가스와 먼지 속에서 새로운 별들이 태어나고 있다. 청명하고 달이 없는 가을 밤에는 안드로메다자리에서 '안드로메다은하'를 볼 수 있다. 우리은하와 가장 가까운 은하이며 1조 개가 넘는 별로 이뤄져 있다. 우리가 육안으로 볼 수 있는 가장 멀리 떨어져 있는 천체로, 지구와는 거리는 약 250만 광년이다.

우주의 거리

우주의 거리는 상상을 초월하기에 킬로미터 단위로는 온전히 나타낼 수 없다. 천문학에서는 광년을 우주 거리 척도로 사용한다. 1광년은 초속 30만 km의 빛이 1년 동안 이동한 거리다. 태양에서 가장 가까운 별이 약 4광년 떨어진 거리에 있다. 빛의 속도로 4년을 가야 닿는다.

▶ 큰곰자리의 알코르와 미자르는 가장 유명한 쌍성을 이루고 있다(A). 플레이아데스성단은 육안으로 확인 가능한 산개성단이다(B). 오리온성운에서는 계속 새로운 별들이 태어난다(C). 안드로메다은하는 우리은하와 가장 가까운 은하다(D).

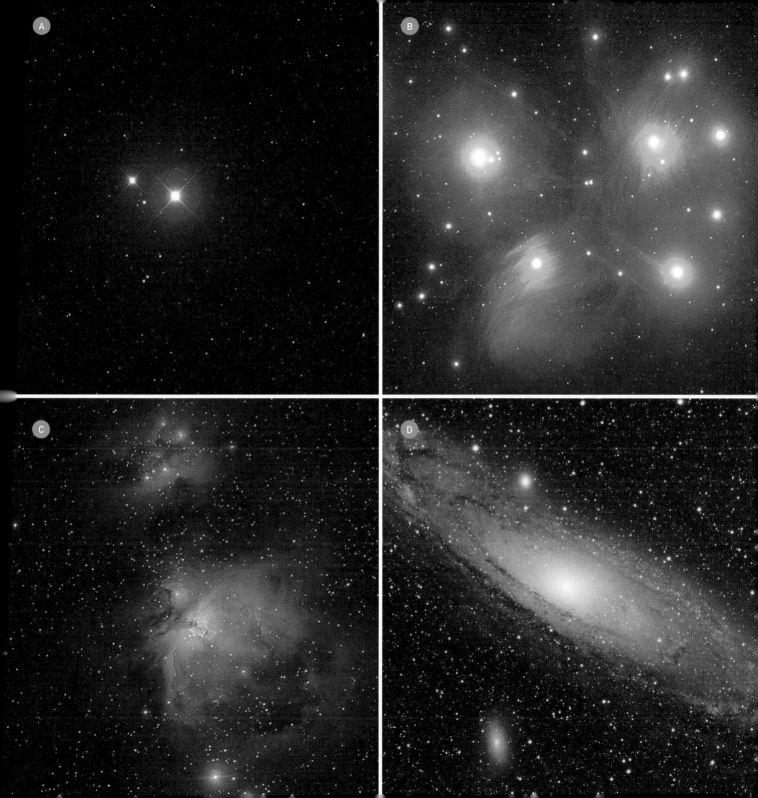

별 떨어진다

밤하늘의 천제를 계속 관찰하다 보면 '유성(meteor, 별똥별)'을 보게 된다. 그렇지만 하늘에서 그 짧은 빛의 섬광은 찰나의 순간 동안 일어나며, 그 빛이 다음번에는 언제 어디에서 나타날지 전혀 알 수가 없다. 운에 맞길 수밖에 없다. 그래도 그만한 가치가 있다.

그런데 엄밀히 말하면 '유성'은 잘못된 이름이다. 우리가 유성이라고 부르는 것은 별, 즉 항성이 아니다. 별은 수십에서 수백 광년 떨어진 먼 곳에 있는 항성이다. 그렇기에 지구로 떨어지지 않는다. 군이 구분하자면 유성은 '운석(meteorite)'이다. '혜성(comet)'이나 소행성에서 떨어져 나오거나 태양계를 떠돌던 돌덩이가 지구 중력에 이끌려 낙하하며 대기와 마찰해 불타면서 생긴 것들이다.

이런 돌덩이는 대부분 크기가 얼마 되지 않는다. 하지만 초속 10km 이상의 속도로 빠르게 떨어지다가 공기 입자와 마찰하면서 지구 대기의 분자가 순간적으로 빛나게 된다. 이 짧은 섬광이 우리가 보는 빛 현상이며 약 70~80km의 중간권에서 일어난다.

이때 모래처럼 작은 알갱이는 완전히 증발해버린다. 그러나 지구 대기권을 통과해 낙하하는 우주 돌덩이(유성체)가 충분히 크면 지면과 충돌해 잔해를 남길 수 있다. 그 잔해가 운석이다. 물론 돌덩이가 클수록 더 밝고 빛의 흔적도 길어진다. 정말로 하늘에서 떨어지는 불덩어리처럼 보인다.

1년에 몇 번은 시간당 수십 개의 유성 무리가 나타나기도 한다. 이를 '유성우(meteoric shower)'라고 하는데, 지구가 공전하면서 혜성이나 소행성들이 남긴 암석 찌꺼기 지역을 통과할 때 일어나는 현상이다. 잘 알려진 유성우는 매년 8월 12일경의 페르세우스자리 유성우와 12월 13일경의 쌍둥이자리 유성우다. 해당 유성 무리가 뻗어 나오는 방향의 별자리 이름을 따서 붙인 이름이다.

유성을 관찰할 때도 최대한 어두운 곳을 찾아야 하며, 자리를 깔고 편안하게 누워서 느긋하게 기다려야 한다. 운석이 여러분의 머리에 떨어질 확률은 로또 당첨 확률보다도 훨씬 낮으니 염려하지 않아도 된다.

희귀한 운석

운석이 떨어져도 대부분은 너무 작아서 찾을 수가 없다. 19세기 중반 이후 네덜란드에서는 단 6개의 운석만이 발견됐다. 만약 이상한 돌을 발견하더라도 그것이 운석일 가능성은 매우 낮다. 그런데도 정말로 운석인지 확인하고 싶다면, 말리지는 않을 테니 그것을 들고 지질학연구소나 대학의 지질학 교수를 찾아가보자.

◀ 커다란 우주 암석이 지구 대기권으로 돌진하면 말 그대로 '불덩어리'가 떨어지는 것처럼 보인다(위). 유성우가 내리는 날에는 시간당 수십 개가 보일 때도 있다. 마치 어느 한 지점에서 내려오는 것처럼 보인다(아래).

우아한 꼬리별

아쉽게도 살아생전 몇 번 볼 수 없는 천체가 있는데, 다름 아닌 '혜성'이다. 긴 꼬리를 가진 것이 특징이다. 꼬리가 긴 빛처럼 보인다. 가장 밝은 혜성은 도시에서도 관측할 수 있지만, 희미한 것은 하늘이 청명하고 칠흑같이 어두운 관측 장소를 찾아야 볼 수 있다.

혜성은 온전한 행성으로 성장하지 못한 채 매우 긴 궤도로 태양을 공전하고 있는 얼음과 돌덩이로 이뤄진 작은 천체다. 얼어붙은 혜성의 핵은 크기가 몇 킬로미터를 넘지 않는다. 평소라면 이런 작은 천체를 맨눈으로 관찰할 수 없지만, 혜성이 태양에 가까워지면 얼음 일부가 증발하기 시작하면서 먼지 입자도 함께 방출해 꼬리가 생긴다.

이렇게 태양이 혜성의 가스와 먼지를 날려 보내면서 길고 우아한 꼬리가 형성되고 그 꼬리는 항상 태양 반대 방향을 향한다. 가끔 2개의 꼬리를 볼 수 있는데, 가늘고 긴 일직선의 다소 푸른빛을 띠는 가스 꼬리와 폭이 더 넓고 휘어진 약간 노란빛의 먼지 꼬리다.

혜성은 지구에서 볼 때 별들 사이를 비교적 천천히 움직이므로 한 번 나타나면 몇 주 동안 계속 볼 수 있다. 대개는 서쪽 저녁 하늘이나 일출 직전 동쪽 하늘에서 보인다. 어떤 혜성은 주기적으로 나타난다. 예를 들어 가장 유명한 '헬리혜성(Halley's Comet)'은 76년마다 한 번씩 태양과 지구에 접근한다. 1985년과 1986년에 마지막으로 관측됐으며, 2062년에 다시 나타날 예정이다. 다른 혜성들은 수만 년의 공전주기를 갖고 있어서, 우리는 그들이 도착하는 모습을 볼 수 없을 것이다.

1997년 역사상 가장 많은 사람이 본 혜성으로 기록된 헤일밥혜성(Comet Hale-Bopp)도 있다. 연구 결과 이 혜성은 약 4,200년 전에 지구에서 관측된 것으로 밝혀졌다. 공전주기가 4,200년이라는 뜻이며, 그때 본 것이 우리 생애 마지막 헤일밥혜성이었다는 의미다.

혜성과 유성

혜성과 유성은 다르지만 흥미롭게도 서로 관련이 있다. 유성우 대부분은 혜성의 먼지에 의해 발생한다. 먼지는 시간이 지남에 따라 혜성의 공전 궤도를 따라 퍼지는데, 매년 같은 날짜를 전후해 지구가 그 궤도를 가로지를 때 평소보다 더 많은 유성을 보게 된다. 예를 들어 매년 10월에 볼 수 있는 오리온자리 유성우는 헬리혜성의 먼지로 인해 발생한다.

▶ 1997년 봄에 나타난 헤일밥혜성은 광공해에도 불구하고 도시에서도 쉽게 볼 수 있을 정도로 밝았다.

하늘을 뒤덮은 우주선들

유성(운석) 외에도 청명한 밤에는 지구 주위를 공전하는 무인 우주선(인공위성)이 하늘을 가로지르는 모습을 볼 수 있다. 당연히 이 인공위성들도 스스로 빛을 내지 않는다. 위성을 비춘 태양빛이 반사돼 우리가 볼 수 있는 것이다. 특히 위성의 태양전지판이 햇빛을 잘 반사한다.

인공위성 대부분은 수백 킬로미터 고도에 있어서, 지면이 이미 어두울 때도 여전히 햇빛을 받는다. 그런데 지구 주위를 도는 중에 어느 순간에는 지구그림자 속으로 사라진다. 그때 우리는 인공위성이 하늘에서 사라지는 것을 보게 된다. 인공위성은 밤이 시작될 때와 밤이 끝날 때 주로 볼 수 있다.

공식적으로 파악된 인공위성만도 수백 개다. 기상위성은 지구의 날씨를 관측하고 있다. 통신위성 덕분에 우리는 지구 반대편의 스포츠 경기를 실시간으로 시청할 수 있다. 항행위성은 항행 중인 함선이나 항공기 등이 자신의 위치를 측정할 수 있도록 해준다. 이 밖에도 인공위성의 종류는 매우 많다.

민간 우주 기업들이 주로 글로벌 인터넷 서비스 제공을 위해 향후 몇 년 안에 수천 개의 새로운 소형 인공위성을 발사할 예정이다. 스페이스X(SpaceX)가 줄줄이 쏘아 올린 위성들이 이른바 위성열차가 되어 하늘을 지나가는 모습이 떠오른다.

위성 중 가장 특별한 것은 바로 국제우주정거장(ISS)이다. 다른 인공위성보다 훨씬 큰 태양전지판 덕분에 하늘에서 가장 밝은 인공위성이다. 더욱이 무인으로 운용되는 다른 인공위성과 달리 국제우주정거장에는 늘 사람이 탑승하고 있다. 별 사이를 떠다니고 있는 이 엄청나게 밝은 점을 보면 정말이지 기묘한 생각이 든다.

하늘에서 움직이는 밝은 점 가운데 인공위성이 아닌 것들도 있다. 깜박이는 작은 불빛들은 높게 비행하는 항공기인 경우가 많으며, 혹시 하늘에서 여러 개의 주황색 불빛들이 떠다니고 모습을 보게 된다면 행운을 비는 풍등일 것이다.

국제우주정거장 시간표

밤하늘이 아무리 맑아도 국제우주정거장을 매번 볼 수 있는 것은 아니다. 지역마다 관측 가능한 기간과 시간이 다르다. 그래서 국제우주정거장이 여러분이 사는 곳을 지나갈 때를 알려주는 웹사이트와 앱도 있다. 국제우주정거장 시간표 말고도 다른 인공위성들에 대한 정보도 소개하고 있다.

◀ 국제우주정거장이 몇 분 만에 하늘을 가로지르고 있다. 장기 노출로 촬영한 결과 흰색 선으로 보인다. 국제우주정거장 오른쪽 아래의 밝은 점은 금성이며, 왼쪽에는 오리온자리가 보인다.

부록① 라틴어 구름 이름 총정리

구름 이름은 국가와 언어권마다 다르게 부르지만 국제적으로 통용되는 이름이 있는데 모두 라틴어 명칭이다. 낯설어서 복잡해 보일 수 있지만, 적응하면 이 이름들에 익숙해질 것이다. 그렇게 되면 4개 구름 가족의 10가지 일반형 구름 이름 외에도 어떤 구름이 있는지 알 수 있다. 이름이 다를 뿐 대부분 일반형 구름의 변종 가운데 하나다. 비슷한 유형의 구름이라도 이름이 계속해서 추가될 수 있기에, 여기에서 정리한 목록이 전부는 아니지만 지금

껏 나온 것들은 거의 담았다고 보면 된다. 인간 활동의 영향으로 발생하는 구름, 즉 인간이 만들어낸 구름은 '인간'을 지칭하는 '호모(homo)'와 '발생'을 뜻하는 '게니투스(genitus)'를 조합해 '호모게니투스(homogenitus)'가 된다. 산불이나 화재로 구름이 만들어지면 '불'을 뜻하는 '플람마(flamma)'를 붙여 '플람마게니투스(flammagenitus)'라고 하는 식이다.

- **플로쿠스(Floccus)**: 송이구름. 바닥이 너덜너덜해진 둥그스름한 작은 구름.

- **스트라티포르미스(Stratiformis)**: 층상운. 수평으로 잘 퍼진 층 모양 구름.

- **네불로수스(Nebulosus)**: 안개구름. 세부 모양이 뚜렷하지 않은 안개 같은 구름.

- **프락투스(Fractus)**: 조각구름. 조각조각 끊겨 있는 구름.

- **렌티쿨라리스(Lenticularis)**: 렌즈구름. UFO구름. 아몬드구름.

- **후밀리스(Humilis)**: 넓적구름. 아직 발달하기 전 편평한 적운.

- **메디오크리스(Mediocris)**: 중간구름. 중간 정도 부푼 적운.

- **콩게스투스(Congestus)**: 봉우리구름. 꼭대기가 부풀어오른 적운.

- **카스텔라누스(Castellanus)**: 탑구름. 구름 상부가 성벽처럼 줄지어 있는 탑 모양 고적운.

- **칼부스(Calvus)**: 대머리구름. 윗부분이 평탄해지고 있는 적운.

- **카필라투스(Capillatus)**: 털보구름. 윗부분이 털처럼 변한 적란운.

- **베르테브라투스(Vertebratus)**: 늑골구름. 동물의 갈비뼈나 물고기 등뼈 모양 구름.

- **운둘라투스(Undulatus)**: 파도구름. 물결 모양의 넓은 구름.

- **라디아투스(Radiatus)**: 방사구름. 소실점처럼 합쳐진 구름.

- **두플리카투스(Duplicatus)**: 두겹구름. 구름층이 겹친 구름.

- **트란슬루키두스(Translucidus)**: 반투명구름. 태양이나 달이 비치는 구름.

- **페를루키두스(Perlucidus)**: 틈새구름. 틈새가 있는 넓은 구름.

- **오파쿠스(Opacus)**: 불투명구름. 태양이나 달을 가리는 구름.

- **비르가(Virga)**: 꼬리구름. 비를 내리기 전에 수분이 증발해 꼬리를 늘어뜨리고 있는 강수구름.

- **프라이키마티오(Praecimatio):** 강수구름. 지표면에 닿아 있는 강수구름.

- **잉쿠스(Incus):** 모루구름. 윗부분이 퍼진 적란운.

- **맘마투스(Mammatus):** 유방구름. 모루구름 아래쪽이 둥근 모양으로 처진 구름.

- **투바(Tuba):** 깔때기구름. 적란운 아래가 원뿔 모양으로 늘어진 구름.

- **아르쿠스(Arcus):** 아치구름. 아치 모양으로 길게 뻗은 구름.

- **필레우스(Pileus):** 삿갓구름. 세모 모양 모자처럼 생긴 구름.

- **아스페리타스(Asperitas):** 거친물결구름. 거친 물결 모양 구름.

- **카붐(Cavum):** 구멍구름. 구멍 뚫린 모양의 구름.

- **카우다(Cauda):** 비버꼬리구름. 넓적한 꼬리 모양 구름.

- **플루멘(Flumen):** 하천구름. 비버꼬리구름이 벽구름과 함께 나타날 때의 별칭.

부록② 구름 알아맞히기

구름은 종류와 크기가 다양하다. 모양뿐 아니라 이름도 상상력을 자극한다. 어떤 구름을 관찰할 수 있을지는 계절에 달렸다. 여름에는 겨울과 다르게 나타나는 전형적인 구름이 있다. 아울러 아침인지 오후인지에 따라서도 큰 차이가 날 수 있다.

온도가 가장 중요한 역할을 한다. 겨울에는 대기권 바닥에서 꼭대기까지 얼음처럼 차갑기에 거의 모든 구름이 과냉각된 물이나 얼음 알갱이를 포함하고 있다. 여러분은 그 사실을 구름에서 알 수 있는데, 색깔은 더 희고 가장자리는 덜 선명하다. 북극 지방에서 공급되는 공기는 깨끗해서 보다 짙은 푸른색을 띠며, 이로 인해 구름은 윤곽이 진해져 더욱 대조를 이룬다. 윤곽이 없어 대조를 이루는 모습을 거의 볼 수 없는 경우는 구름이 지표면에 달라붙을 있을 때뿐이다. 늦은 가을과 겨울에 그런 때가 잦다.

봄에는 하늘이 맑은 대신 아직 밤이 춥다. 아침에 해가 화창하게 빛나며 떠올라 지표면이 쉽게 가열된다. 상층 공기가 여전히 차가울 경우 아침부터 뭉게구름이 만들어진다. 그렇지만 오후에는 태양빛이 사그라져서 구름이 푸딩처럼 무너진다. 지표면은 태양이 다시 떠오를 때까지 계속 열을 잃기 때문에 지표면 근처에도 구름이 형성될 수 있다.

여름에는 태양 빛이 너무 강해 다른 계절보다 구름이 매우 높게 성장할 수 있다. 그로 인해 동반되는 기상 현상 또한 더욱 강력해진다. 더 강한 소나기, 더 심한 바람 그리고 날씨가 좋더라도 금세 비가 오는 날씨 변화가 빨라진다. 한창 날씨가 좋다가도 15분 뒤부터는 구름이 하늘을 뒤덮기도 한다. 상층운의 구름은 일출과 일몰 때 아름다운 색깔을 오랫동안 보이는데, 그 모습을 보려면 여름에는 겨울보다 매우 일찍 일어나야 한다.

계절과 무관하게 하늘에는 멋진 모양이 구름이 나타나기도 한다. 그런데 어떤 구름이 나타날지, 어떤 구름으로 변화할지 알 수 있는 방법은 없을까? 있다. 몇 가지 단서를 헤아리면 하늘에 떠 있는 구름이 어떤 유형의 구름인지, 또 어떤 구름으로 변신하거나 성장할지 알 수 있다. 다음 쪽에서 그 방법을 알아보고, 알아낸 구름 유형을 근거로 날씨까지 예측해보자.

❶ 구름에서 비가 내리고 있는가?

예: 비가 짧은 시간 소나기로 내린다면 '적란운(쌘비구름)'이다. 비가 긴 시간 지속하고 구름의 윤곽이 거의 보이지 않는다면 '난층운(비구름)'이다.

아니오: ②로 넘어가자.

❷ 구름이 낮은 고도(2.5km 이하)에 떠 있는가?

예: 가장자리가 명확하지 않고 윤곽이 없는 구름은 '층운(층구름)'이다. 가장자리는 있지만 서로 붙어있는 것처럼 윤곽이 거의 없다면 '층적운(두루마리구름)'이다. 가장자리가 명확하고 윤곽이 있다면 '적운(뭉게구름)'이다.

아니오: ③으로 넘어가자.

❸ 구름이 w고도(2.5~6km)에 떠 있는가?

예: 가장자리가 명확하지 않고 윤곽이 없으면 '고층운(높층구름)'이다. 윤곽이 있으며 둥글고 작은 덩어리를 갖고 있다면 '고적운(양떼구름)'이다. 고적운 윗부분에 작은 탑 모양이 줄지어 있으면 '탑구름'이다. UFO나 렌즈 또는 아몬드 모양처럼 보이면 'UFO구름(렌즈구름)'이다.

아니오: ④로 넘어가자.

❹ 구름이 높은 고도(6km 이상)에 떠 있는가?

예: 명확한 윤곽이 없고 퍼져 있지 않으면 '권층운(털층구름)'이다. 윤곽이 있고 양털 모양이 있으면 '권적운(양털구름)'이다. 새의 깃털 모양으로 보이면 '권운(새털구름)'이다. 권운은 아니고 기다란 흰 줄무늬처럼 보인다면 항공기가 지나간 곳이 응결된 흔적인 '비행운'이다. 고층운 주변 어딘가에서 해무리나 무리해를 볼 수 있다.

아니오: ⑤로 넘어가자.

❺ 아래에서 위로 성장하고 있는가?

예: 방금 만들어졌고 크기가 작다면 초기 상태의 뭉게구름인 '넓적적운'이다. 이 구름이 위로 커지면 성장하고 있는 뭉게구름인 '중간적운'이다. 더 커져서 흰색과 회색의 구름덩이가 어우러져 있고 부풀어 오른 윗부분의 등고선이 명확히 보이면 '봉우리적운(콜리플라워구름)'이다. 윗부분이 세모난 모자처럼 보이면 그 부분을 '삿갓구름'이라고 부른다.

아니오: ⑥으로 넘어가자.

❻ 맑고 푸른 하늘

구름 알아맞히기는 그만두고 밤이 오기를 기다리자. 운이 좋으면 탐스러운 보름달이나 보석 같은 밝은 별들이 하늘을 수놓을 것이다. 더욱 운이 좋다면 밤하늘에서 겨울에는 '진주운', 여름에는 '야광운'을 볼 수 있을 것이다. 보게 된다면 꼭 사진을 찍어 남기자.

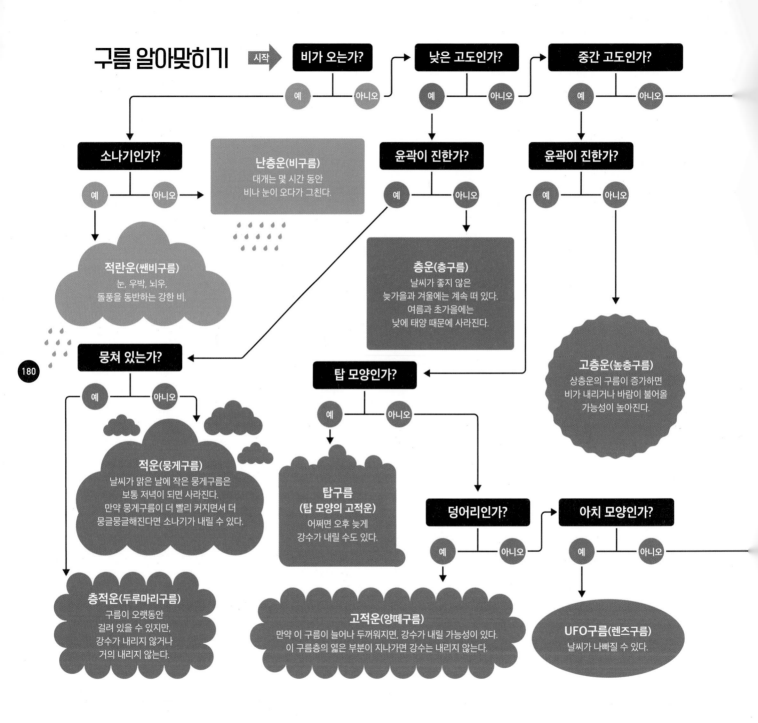

구름 알아맞히기

시작 → **비가 오는가?**

- 예 → **소나기인가?**
  - 예 → **적란운(쌘비구름)** 눈, 우박, 뇌우, 돌풍을 동반하는 강한 비.
  - 아니오 → **난층운(비구름)** 대개는 몇 시간 동안 비나 눈이 오다가 그친다.
- 아니오 → **낮은 고도인가?**

낮은 고도인가?
- 예 → **윤곽이 진한가?**
  - 예 → **뭉쳐 있는가?**
  - 아니오 → **층운(층구름)** 날씨가 좋지 않은 늦가을과 겨울에는 계속 떠 있다. 여름과 초가을에는 낮에 태양 때문에 사라진다.
- 아니오 → **중간 고도인가?**

중간 고도인가?
- 예 → **윤곽이 진한가?**
  - 예 → **탑 모양인가?**
  - 아니오 → **고층운(높층구름)** 상층운의 구름이 증가하면 비가 내리거나 바람이 불어올 가능성이 높아진다.
- 아니오 →

뭉쳐 있는가?
- 예 → **층적운(두루마리구름)** 구름이 오랫동안 걸려 있을 수 있지만, 강수가 내리지 않거나 거의 내리지 않는다.
- 아니오 → **적운(뭉게구름)** 날씨가 맑은 날에 작은 뭉게구름은 보통 저녁이 되면 사라진다. 만약 뭉게구름이 더 빨리 커지면서 더 뭉글뭉글해진다면 소나기가 내릴 수 있다.

탑 모양인가?
- 예 → **탑구름 (탑 모양의 고적운)** 어쩌면 오후 늦게 강수가 내릴 수도 있다.
- 아니오 → **덩어리인가?**

덩어리인가?
- 예 → **고적운(양떼구름)** 만약 이 구름이 늘어나 두꺼워지면, 강수가 내릴 가능성이 있다. 이 구름층의 엷은 부분이 지나가면 강수는 내리지 않는다.
- 아니오 → **아치 모양인가?**

아치 모양인가?
- 예 → **UFO구름(렌즈구름)** 날씨가 나빠질 수 있다.
- 아니오 →

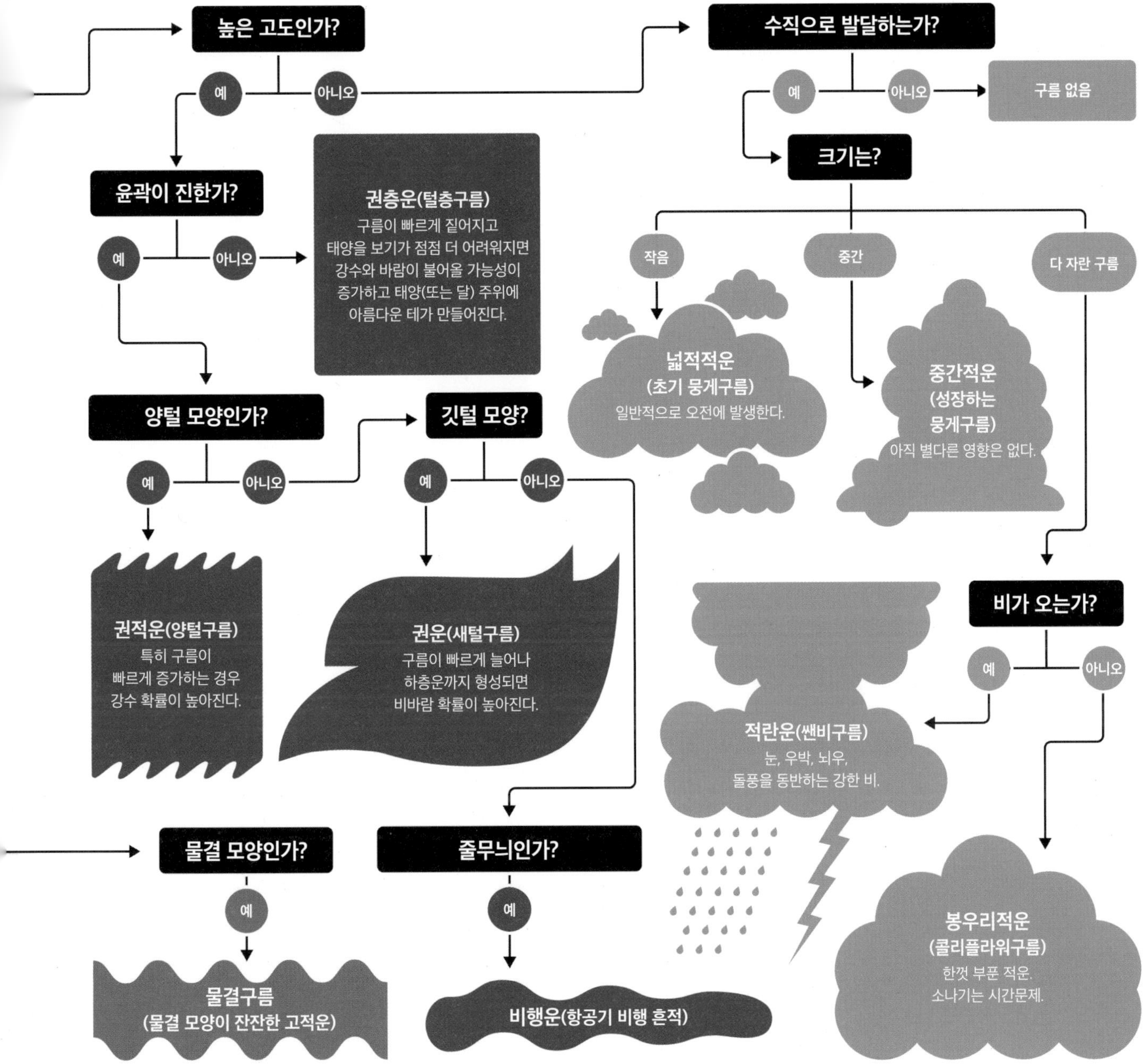
높은 고도인가?
예
아니오
수직으로 발달하는가?
예
아니오
구름 없음
크기는?
작음
중간
다 자란 구름
넓적적운
(초기 뭉게구름)
일반적으로 오전에 발생한다.
중간적운
(성장하는
뭉게구름)
아직 별다른 영향은 없다.
비가 오는가?
예
아니오
적란운(쌘비구름)
눈, 우박, 뇌우,
돌풍을 동반하는 강한 비.
봉우리적운
(콜리플라워구름)
한껏 부푼 적운.
소나기는 시간문제.
윤곽이 진한가?
예
아니오
권층운(털층구름)
구름이 빠르게 짙어지고
태양을 보기가 점점 더 어려워지면
강수와 바람이 불어올 가능성이
증가하고 태양(또는 달) 주위에
아름다운 테가 만들어진다.
양털 모양인가?
예
아니오
깃털 모양?
예
아니오
권적운(양털구름)
특히 구름이
빠르게 증가하는 경우
강수 확률이 높아진다.
권운(새털구름)
구름이 빠르게 늘어나
하층운까지 형성되면
비바람 확률이 높아진다.
물결 모양인가?
예
물결구름
(물결 모양이 잔잔한 고적운)
줄무늬인가?
예
비행운(항공기 비행 흔적)

부록③ 별빛 알아맞히기

달과 별을 포함해 밤하늘에서는 여러 천체와 광학 현상을 많이 볼 수 있다. 이 책 본문에서 자세히 설명했지만, 정리하는 차원에서 다시 한번 살펴보기로 하자. 여기에서 요약하는 사항들을 잘 숙지하고 있으면 앞으로 밤하늘 여행에서 훨씬 다채로운 경험을 할 수 있을 것이다.

다른 별들과 비교해 위치가 변하지 않는 예외적으로 밝은 별

하늘에서 유독 밝은 별이 보인다면 그 별은 지구와 가까운 행성 중에서도 '금성'일 가능성이 높다. 일몰 후 서쪽 또는 일출 전 동쪽에서 유난히 빛나는 별이 보인다면 더 알아볼 것도 없이 금성이다.

춤을 추듯 깜박거리고 색깔이 변하는 밝은 별

이런 현상은 겨울에 지평선에서 그리 높지 않은 곳에 떠 있는 '시리우스'에서 두드러지게 나타난다. 깜박거리고 색깔이 계속해서 변하는 것은 지구 대기권의 진동 때문에 발생한다.

빠르게 움직이다가 반짝 하고는 사라져버리는 별

지구 대기권에 진입해 공기 분자를 빛나게 하는 우주 돌멩이인 '유성(운석)'이다. 큰 것은 매우 밝은 불덩이 같은데 더 오랫동안 볼 수 있다.

몇 분 동안이나 깜박이면서 움직이는 별

그것은 별이 아니라 높은 상공에서 날아가고 있는 '비행기'다. 반짝이는 불빛은 '항법등'이라고 부르는 조명이다. 가만히 귀를 기울이고 있으면 비행기 엔진 소리도 들을 수 있다.

갑자기 나타나 밝게 반짝이다가 소멸하는 별

잠깐 반짝이기는 했지만 움직이지 않고 있다가 사라졌다면 유성이 아니다. 통신회사 이리듐커뮤니케이션스(Iridium Comunications)가 운용하는 인공위성 '이리듐위성'일 가능성이 높다. 이리듐위성의 반사 안테나가 햇빛을 반사할 때 잠깐 동안 밤하늘의 가장 밝은 별이 되기도 한다.

몇 분 동안 하늘을 가로질러 직선으로 움직이는 별

지구를 공전하고 있는 '인공위성'이다. 태양전지판이 햇빛을 반사해 나오는 빛이다. 밝기는 인공위성마다 다르다. 현재 가장 밝게 빛나는 위성은 '국제우주정거장'이다.

하늘을 가로질러 차례로 움직이는 별의 무리

이른바 '위성열차'다. 스페이스X가 자사의 팰컨 로켓에 실어 한꺼번에 쏘아 올린 인터넷용 인공위성들로, 2019년 60개를 궤도에 올려놓은 이후 해마다 추가로 쏘아 올리고 있다. 스페이스X는 최종적으로 4만 2,000개의 위성을 궤도에 올려 지구를 에워쌀 계획을 실행하고 있다.

박명 때만 보이는 짧고 밝은 주황빛

비행하는 여객기 동체에 응결한 얼음 결정이 햇빛을 받아 반짝이는데, 원근효과 때문에 별처럼 보이기도 한다. 저녁 박명(황혼) 때는 서쪽에서 아침 박명(여명) 때는 동쪽에서 볼 수 있다. 물론 비행 중인 여객기가 마침 해당 지점을 날고 있어야 한다.

하늘을 가로질러 움직이는 매우 희미하고 흐릿한 빛의 반점들

아마도 철새 떼가 지구 광원에 의해 아래에서 희미하게 비쳐 빛나는 모습일 것이다.

그 밖의 별빛

이 책이 설명하지 않은 천체 또는 광학 현상이 있거나, 분명히 본 적이 있는데 이 책에서 빠져 있는 것이 있다면 UFO(미확인 비행 물체)일 수도 있겠다. 하지만 유감스럽게도 UFO에 관해서는 할 이야기가 없다.

스마트폰으로 하늘 찍는 법

불과 10년 전까지만 하더라도 고급 디지털카메라가 있어야 고품질의 사진을 얻을 수 있었다. 요즘은 스마트폰 카메라 성능이 월등히 높아서 잘 활용하면 하늘의 멋진 모습을 생생히 담을 수 있다. 더욱이 촬영을 준비하는 데 드는 시간이 압도적으로 빠르다. 심지어 전문 사진가들도 피사체를 서둘러 잡아야 할 때는 스마트폰을 꺼낸다. 하늘은 언제 어떻게 바뀔지 모르는 변화무쌍한 피사체다. 다음의 10가지 팁을 활용하면 스마트폰으로 더 나은 사진을 찍는 데 도움이 될 것이다.

1 촬영은 언제나 가로로

사진을 찍을 때는 언제나 스마트폰을 '가로'로 두는 습관을 들이자. 우리의 눈은 높이가 아니라 너비를 지향한다. 위아래를 놓치는 일은 별로 없다. 인스타그램에 사진을 업로드할 때도 좌우인 측면을 자르기가 더 쉽다.

2 초점은 수동으로

윤곽이 거의 없는 희미한 무지개나 구름은 초점 자동 모드에서는 선명하게 담기 어렵다. 초점 설정을 '수동'으로 설정한 다음 스마트폰 화면에 피사체를 놓고 초점을 맞출 지점을 터치한 뒤 길게 누르고 있으면 초점이 고정된다. 이렇게 하면 선명하게 담고 싶은 부분을 제대로 촬영

할 수 있다. 손가락을 위아래로 드래그하면서 노출을 조정할 수도 있다.

3 대비를 위해서는 다소 어둡게

구름의 경우 명암 차에 따른 '대비'가 특유의 질감을 만들어낸다. 대비를 잘 반영하지 못하면 밋밋한 구름 사진이 된다. 따라서 초점을 구름의 가장 하얀 부분에 맞춰서 과다 노출이 되지 않도록 하는 것이 좋다. 초점을 밝은 곳에 맞추면 피사체가 어둡게 바뀔 것이다. 그 대신 대비는 확실해진다. 사진이 어둡게 나온다고 너무 걱정할 필요는 없다. 후보정으로 조정하면 된다. 과다 노출 사진이 오히려 후보정 효과를 기대하기 어렵다. 대부분 스마트폰에 탑재된 'HDR' 기능을 활용하는 것도 좋다. HDR은 여러 장의 사진을 다양한 노출로 찍은 다음 하나의 결과로 합치는 기능이다. 구름 사진을 촬영할 때에도 유용하다.

4 그리드로 구도 잡기

좋은 사진의 기본은 구도다. 스마트폰 카메라의 '그리드(격자)' 표시 기능은 늘 켜두는 것이 좋다. 실제 사진에는 나오지 않으니 염려하지 않아도 된다. 그리드를 기본 설정으로 해두면 2개의 가로선과 2개의 세로선이 생기면서 프레임이 모두 9개로 분할하게 된다. 그리드의 약간 왼쪽

이나 오른쪽 위아래 중 적당한 위치로 구도를 잡는 것이 좋다. 풍경 사진의 구도는 하늘이 상단 3분의 2를 차지하고 지면이나 수면이 하단 3분의 1을 차지하게 잡는 것이 불문율로 통한다. 그만큼 안정적으로 보이기 때문이다.

⑤ 타임 랩스로 역동적 움직임 담아내기

실제 하늘에서는 매우 천천히 일어나고 있는 모습을 시간을 빠르게 함으로써 보다 직관적이고 역동적인 모습으로 만들 수 있다. 흔히 '타임 랩스'라 부르는 스마트폰 카메라의 저속 촬영 기능이 이를 가능하게 해준다. 초점이 흔들이지 않는 것이 가장 중요하므로 삼각대 또는 흔들림 없이 고정할 수 있는 장치가 도구가 필요하다. 촬영하고 싶은 피사체에 초점을 맞추고 구도를 잡은 뒤 타임 랩스 옵션을 선택하고 촬영을 시작한다. 그런 뒤 1시간가량 기다린다. 이 기능으로 아름다운 일출과 일몰, 뭉게구름이나 두루마리구름이 빠르게 움직이는 영상을 만들 수 있다. 사진이 필요하다면 추출하고 싶은 이미지 프레임을 선택해 사진으로 변환하다.

⑥ 느림의 미학 슬로 모션

피사체의 움직임이 너무 빠르면 시간을 늦추고 싶을 때가 있다. 문제없다. '슬로 모션' 기능을 사용하면 된다. 웅덩이로 떨어지는 빗물을 슬로 모션으로 촬영할 경우 다른 방식으로는 볼 수 없던 모습, 일테면 튀어 오르는 작은 물방울도 프레임 속에 담을 수 있다. 땅에서 튀는 우박도 마찬가지다.

⑦ 번개를 찍는 가장 손쉬운 방법

번개는 너무 빨라서 셔터 속도를 가장 빠르게 설정해도 사진에 담기 어렵다. 하지만 고맙게도 번개를 찍게 해주는 앱이 있다. 'iLightningCam 2'라는 앱이다(iOS용 앱이고 아직 안드로이드 버전이 없는 게 아쉽다). 이 앱은 사용 방법이 매우 쉽다. 뇌우가 다가오면 앱을 실행한 다음 번개가 칠 것으로 예상되는 방향에 초점을 맞춘다. 카메라가 빛의 급격한 변화를 감지한 순간 자동으로 촬영한다.

⑧ 심도를 조정해 입체감 있는 사진 찍기

최신 스마트폰은 '심도'도 잘 담아낸다. 가까운 피사체에 초점을 맞춰 촬영하면 배경이 흐려지면서 심도가 낮은 사진을 얻을 수 있다. 풍경 사진은 심도가 깊을수록 선명하므로 이에 맞게 심도를 설정하면 좋다.

⑨ 후보정은 마법의 기술

사실 사진은 찍는 것보다 보정하는 것이 더 효과적이다. 전문 사진가도 항상 편집 작업에 공을 들인다. 후보정 없이 독특한 사진을 얻기란 어렵다. 사진 보정 앱이 많이 있으므로 이를 이용하면 된다. 색상, 명암, 대비 등을 미세하게 조정하면 놀라운 결과가 나온다.

더 알아보기

매일같이 여러분의 시선을 사로잡는 소식을 접하고 싶다면, 아래 인스타그램과 페이스북을 팔로우하고 웹사이트를 방문해보자.

instagram.com/helgavanleur(헬가)

facebook.com/helgavanleur(헬가)

facebook.com/govert.schilling(호버트)

helgavanleur.nl(헬가)

allesoversterrenkunde.nl(호버트)

| 책과 잡지 |

Het kleine weerboek(Alan Watts), Uitgeverij Hollandia, 2017
: 구름으로 날씨를 직접 예측해보는 가이드북.

Sterren kijken voor beginners(Michael Driscoll), Uitgeverij Kok, 2016
: 누구나 천체 관찰을 쉽게 할 수 있도록 돕는 입문서.

Handboek sterrenkunde(Govert Schilling), Fontaine Uitgevers, 2020
: 천문학 모든 분야를 삽화로 설명하는 개론서.

Jaarboek sterrenkunde(Govert Schilling), Fontaine Uitgevers
: 그 해에 관측 가능한 모든 천체 현상을 담은 연감.

Het Weer Magazine
: 눈길을 사로잡는 기상 현상을 담아내는
  월간지(hetweermagazine.nl).

Zenit
: 네덜란드 왕립기상천문협회 월간지(zenitonline.nl).

| 웹사이트 |

cloudatlas.wmo.int/definitions-of-cloud

: 구름 유형과 변종, 특징과 광학 현상에 대한 정보 제공.

suncalc.org, mooncalc.org

: 전세계 모든 지역의 일출 및 일몰 시간과 월출 및 월몰 시간 등
  제공.

vwkweb.nl

: 기상 및 기후학 협회 웹사이트.

Heavens-above.com

: 인공위성의 관측 시각과 위치 정보 제공.

astronomie.nl

: 네덜란드 천문연구학회 웹사이트.

| 앱 |

Cloud-a-day(iOS/Android)

: 모든 구름 유형의 멋진 모습을 보여주는 앱.

SunCalc org(Android), MoonCalc org(Android)

: 전세계 모든 지역의 일출 및 일몰 시간과 월출 및 월몰 시간 등
  제공.

Starwalk(iOS)/Google Sky View(Android)

: 스마트폰 카메라로 가리키는 방향의 천체를 증강현실로 보여줌.

ISS Detector(iOS/Android), Heavens Above(Android)

: 국제우주정거장과 인공위성의 관측 가능 시간과 위치 정보 제공.

찾아보기

188

189

이미지 출처

Bel Air Aviation Denmark: 35쪽 Wouter van Bernebeek: 39쪽, 57쪽, 82쪽 위, 88쪽, 102쪽 왼쪽, 106쪽

Espen Bierud/Unsplash: 105쪽 오른쪽 Chris Biesheuvel: 74쪽, 98쪽 Hans ter Braak: 153쪽

Reynaldo Brigworkz/Pexels: 18쪽 Brocken Inaglory/Wikimedia Commons: 87쪽 위, 110쪽 위

Miguel Claro: 132쪽 Craig Clements/Wikimedia Commons: 109쪽 아래 Paul Colenbrander: 169쪽 오른쪽 아래

Davide De Martin/Digitized Sky Survey/ESA/ESO/NASA: 126쪽

Joyce Derksen: 26~27쪽, 36~37쪽 73쪽 위, 77쪽 위, 155쪽 위 Dominique Dierick: 54쪽 아래, 129쪽 아래, 146쪽, 155쪽 아래, 162~163쪽

Bert van Dijk: 13쪽, 49쪽, 51쪽, 118쪽, 142쪽, 145쪽, 156쪽 Giuseppe Donatiello/Wikimedia Commons: 66쪽

Ab Donker: 46쪽, 77쪽 아래, 91쪽 아래 Earth and Moon Viewer/John Walker: 64쪽, 65쪽

Huub Eggen: 40쪽 위, 61쪽, 109쪽 위, 174쪽 Michel van Elk/KNMI Klimaatatlas: 22쪽

ESO/Yuri Beletsky: 114쪽, 129쪽 위 ESO/Akira Fujii: 130쪽, 140쪽, 141쪽 ESO/Gerhard Hüdepohl: 113쪽

ESO/Gianluca Lombardi: 110쪽 아래 Fred Espenak: 169쪽 왼쪽 위 June Grønseth: 52~53쪽 Nicole Heij: 50쪽, 78쪽, 93쪽

Loes Jacobs: 80~81쪽 Amirreza Kamkar: 149쪽 Marinus de Keyzer: 6~7쪽, 45쪽, 58쪽 위, 58쪽 아래

Ben Klea/Unsplash: 105쪽 왼쪽 Tijs Koelemeijer: 180~181쪽 Wim Langbroek: 17쪽

Helga van Leur: 21쪽, 28쪽, 31~32쪽, 40쪽 아래, 41쪽, 54쪽 위, 82쪽 아래, 83쪽, 87쪽, 99쪽, 101쪽

maja7777/Pixabay: 102쪽 오른쪽 Elijah Mathews/Wikimedia Commons: 69쪽 Michael's Beers and Beans: 94~95쪽

Robert Mikaelyan: 170쪽 위 Philippe Mollet: 133쪽 Florentin Moser: 117쪽 NASA/Jeff Schmaltz: 38쪽

NASA/JPL-Caltech: 159쪽 NASA/MODIS: 34쪽 Asim Patel: 170쪽 아래

Cameron Pickertt/Wikimedia Commons: 120~121쪽 Gerben Pul: 10쪽 Pxfuel: 14~15쪽, 122쪽

Lynn van Rooijen-McCullough: 169쪽 왼쪽 아래 Philipp Salzgeber/Wikimedia Commons: 173쪽

Robert Slobins/AAS: 70쪽 Braden Tavelli/Unsplash: 8~9쪽 Wil Tirion: 136쪽, 137쪽, 138쪽, 139쪽

Maurice Toet: 125쪽, 160쪽 Diana Venis-Kerkhoven: 62쪽, 73쪽 아래 James Wheeler/Pixabay: 84~85쪽

Johan van der Wielen: 165쪽 Robert Wielinga: 134쪽, 150쪽 Jannes Wiersema: 25쪽, 33쪽, 91쪽 위, 97쪽

Wikilmages/Pixabay: 42~43쪽 Robin van Wissen: 166쪽 woordwolk.nl: 177쪽 André van Zegveld: 169쪽 오른쪽 위

지은이 소개

헬가 판 루어 *Helga van Leur*

네덜란드 기상학자. 바헤닝언대학교(Wageningen University)에서 환경과학을 공부한 뒤 기상연구기관 메테오컨설트(Meteo Consult)에서 일기예보 프로그램을 제작했다. 현재 기상 전문 칼럼니스트로 활동하면서 〈RTL 4〉 방송 채널 기상 캐스터로도 활약하고 있다.

호버트 실링 *Govert Schilling*

네덜란드 과학 저널리스트이자 아마추어 천문학자. 별과 우주에 관한 수십 권의 책을 썼고, 천문학 대중화 공로로 다수의 상을 받았다. 2007년 국제천문연맹은 그의 노고를 인정해 소행성 중 하나에 그의 이름을 따서 '10986 호버트(10986 Govert)'라고 명명했다.

옮긴이 이성한

한국외국어대학교 네덜란드어과를 졸업한 뒤 같은 대학원 국제지역대학원 유럽연합학과를 졸업했다.
다수의 네덜란드어 서적과 문헌을 번역했다.

낮과 밤, 하늘의 신비를 찾아서

사진과 함께 즐기는 경이로운 천체의 향연

초판 1쇄 인쇄 2022년 1월 21일
초판 1쇄 발행 2022년 1월 28일

지은이 헬가 판 루어·호버트 실링
옮긴이 이성한
펴낸이 정용수

사업총괄 장충상 **본부장** 윤석오
편집장 김민정 **편집** 조혜린
디자인 엔드디자인
영업·마케팅 정경민
제작 김동명
관리 윤지연

펴낸곳 ㈜예문아카이브
출판등록 2016년 8월 8일 제2016-000240호
주소 서울시 마포구 동교로18길 10 2층(서교동 465-4)
문의전화 02-2038-3372 **주문전화** 031-955-0550 **팩스** 031-955-0660
이메일 archive.rights@gmail.com **홈페이지** ymarchive.com
블로그 blog.naver.com/yeamoonsa3 **인스타그램** yeamoon.arv

한국어판 출판권 ⓒ ㈜예문아카이브, 2022
ISBN 979-11-6386-087-7 03440

㈜예문아카이브는 도서출판 예문사의 단행본 전문 출판 자회사입니다. 널리 이롭고 가치 있는 지식을 기록하겠습니다.
이 책의 한국어판 출판권은 BC에이전시를 통해 Fontaine Uitgevers-The Netherlands와 독점 계약한 ㈜예문아카이브에 있습니다.
저작권법에 따라 보호를 받는 저작물이므로 무단 전재와 복제를 금합니다.
이 책 내용의 전부 또는 일부를 이용하려면 반드시 저작권자와 ㈜예문아카이브의 서면 동의를 받아야 합니다.

*책값은 뒤표지에 있습니다. 잘못 만들어진 책은 구입하신 곳에서 바꿔드립니다.